一“码”当先

豆子，快到碗里来：经典百变的豆类美食

甘智荣 主编

黑 龙 江 出 版 集 团
黑龙江科学技术出版社

图书在版编目（CIP）数据

豆子，快到碗里来：经典百变的豆类美食 / 甘智荣主编.--哈尔滨：黑龙江科学技术出版社，2015.11
（一“码”当先）
ISBN 978-7-5388-8623-8

Ⅰ.①豆… Ⅱ.①甘… Ⅲ.①豆类蔬菜－菜谱②豆制食品－菜谱 Ⅳ.①TS972.123

中国版本图书馆CIP数据核字(2015)第283626号

豆子，快到碗里来：经典百变的豆类美食

DOUZI KUAIDAO WANLI LAI:JINGDIAN BAIBIAN DE DOULEI MEISHI

主　　编　甘智荣
责任编辑　刘　杨
摄影摄像　深圳市金版文化发展股份有限公司
策划编辑　深圳市金版文化发展股份有限公司
封面设计　深圳市金版文化发展股份有限公司
出　　版　黑龙江科学技术出版社
地址：哈尔滨市南岗区建设街41号 邮编：150001
电话：(0451)53642106　传真：(0451)53642143
网址：www.lkcbs.cn　www.lkpub.cn
发　　行　全国新华书店
印　　刷　深圳市雅佳图印刷有限公司
开　　本　723 mm×1020 mm　1/16
印　　张　15
字　　数　200千字
版　　次　2016年4月第1版　2016年4月第1次印刷
书　　号　ISBN 978-7-5388-8623-8/TS・683
定　　价　29.80元

目录

Contents

Part 1 豆类基础课

Part 2 豆类这样吃，展现神奇力量

豆角

四季豆

荷兰豆

豌豆

扁豆

黄豆

蚕豆

芸豆

豆芽

腰豆

刀豆

豆苗

Part 3 百变豆制品，营养更加均衡

豆腐

腐竹

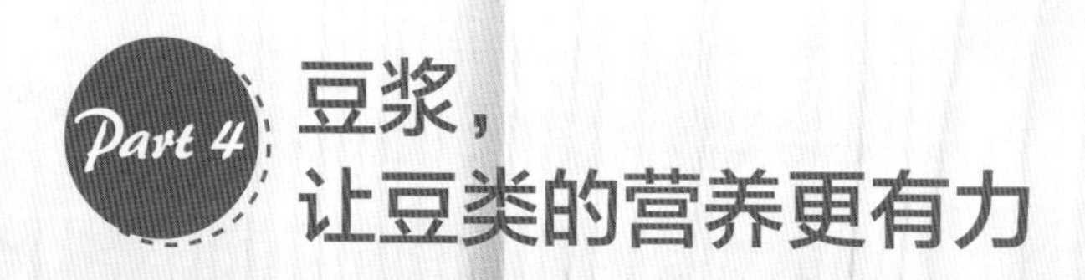

黑豆

绿豆

红豆

豆类基础课

Part 1

智慧改变生活，享受优质健康而又简单快乐的生活，需要科学、实用的技巧。本章节向您介绍一些豆类饮食方面的窍门，同时我们还为您收集整理了日常厨房中的一些实用小方法，让您省时、省力、省心。

烹饪方法

做菜之前的准备工作非常重要，从选锅到选油，再到挑选、洗、切食材，
所有的这些准备工作都需要细致地做好，才能做好一道道菜。
运用下面介绍的不同烹饪方法，做出不一样的花样美食，好吃到爆。
立即动手学做起来，享受美食带来的魅力吧！

拌

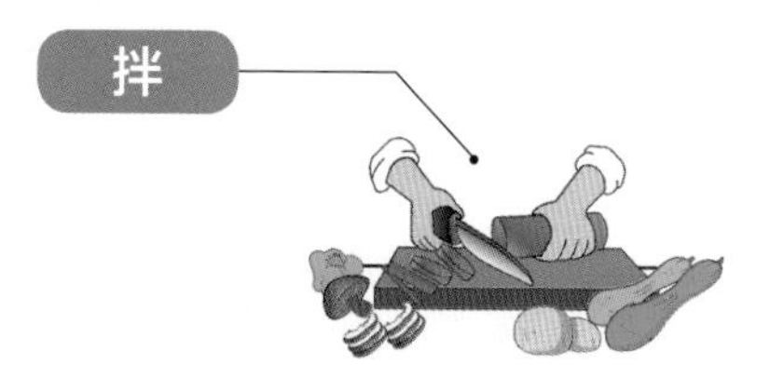

拌是一种冷菜的烹饪方法，操作时把生的原料或凉凉的熟料切成小型的丝、条、片、丁、块等形状，再加上各种调味料，拌匀即可。

腌

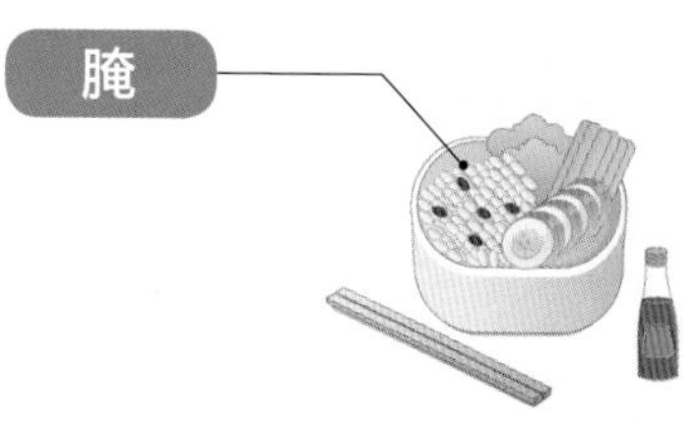

腌是一种冷菜烹饪方法，是指将原材料放在调味卤汁中浸渍，或者用调味品涂抹、拌和原材料，使其部分水分排出，从而使味汁渗入其中。

卤

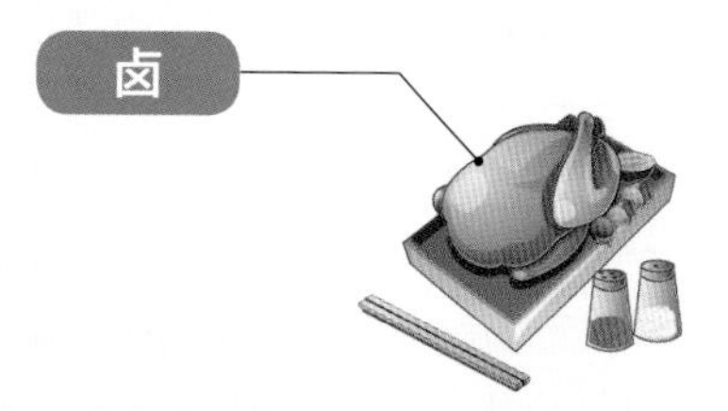

卤是一种冷菜烹饪方法，指将经加工处理的大块或完整原料，放入调好的卤汁中加热煮熟，使卤汁的香鲜滋味渗透进原材料的烹饪方法。

炒

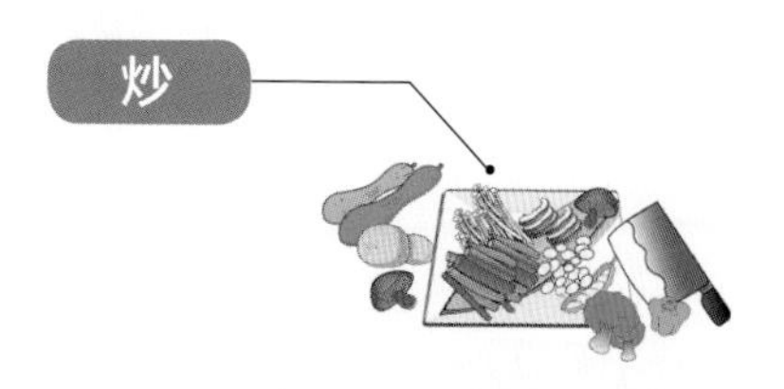

炒是使用最广泛的一种烹调方法，是以油为主要导热体，将小型原料用中旺火在较短时间内加热成熟，调味成菜的一种烹饪方法。

烩

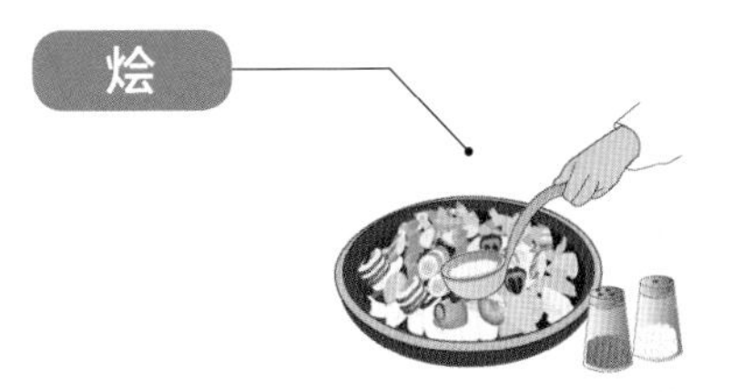

烩是指将原材料油炸或煮熟后改刀，放入锅内加辅料、调料、高汤烩制的烹饪方法，这种方法多用于烹饪鱼虾、肉丝、肉片等。

焖

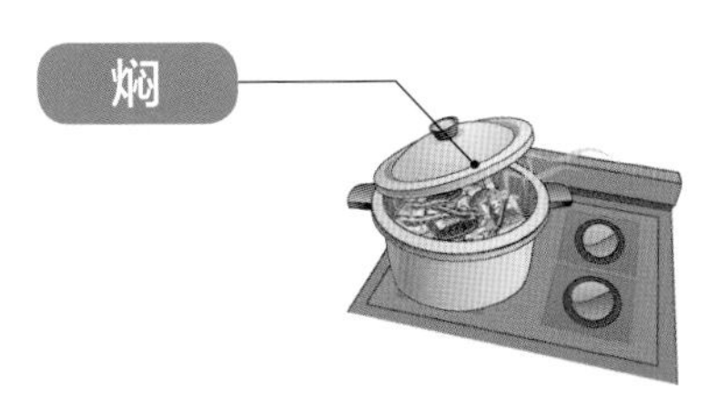

焖是从烧演变而来的，是将加工处理后的原材料放入锅中加汤水和调料，盖紧锅盖烧开后改用小火进行较长时间的加热，待原材料酥软入味后，留少量味汁成菜的烹饪方法。

蒸

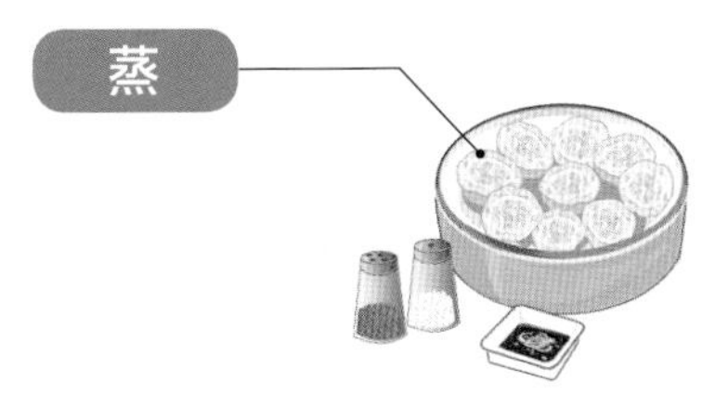

蒸是一种重要的烹调方法，其原理是将原材料放在容器中，以蒸汽加热，使调好味的原材料成熟或酥烂入味。其特点是保留了菜肴的原形、原汁、原味。

煮

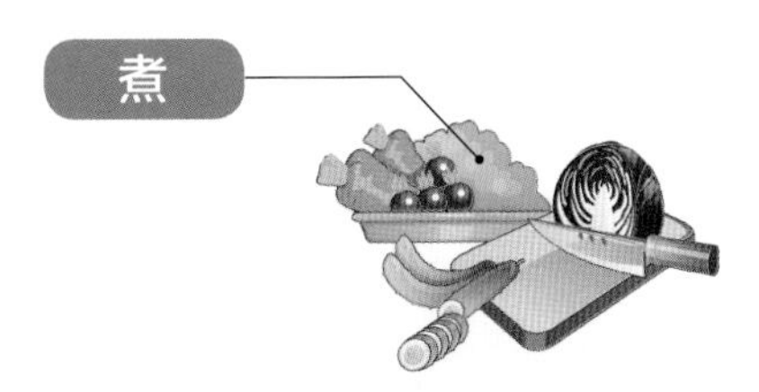

煮是将原材料放在多量的汤汁或清水中，先用大火煮沸，再用中火或小火慢慢煮熟。煮不同于炖，煮比炖的时间要短，一般适用于体小、质软类的原材料。

烧

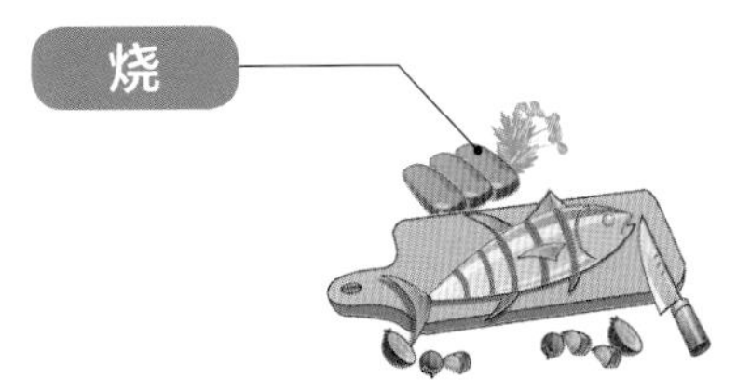

烧是烹调中国菜肴的一种常用技法，先将主料进行一次或两次以上的预热处理之后，放入汤中调味，大火烧开后转小火烧至入味，再用大火收汁成菜。

炸

炸是油锅加热后，放入原料，以原油为介质，使其成熟的一种烹饪方法。采用这种方法烹饪的原料，一般要间隔炸两次才能酥软。

炖

炖是指将原材料加入汤水及调味品，先用旺火烧沸，然后转成中小火，长时间烧煮的烹调方法。炖出来的汤滋味鲜浓、香气醇厚。

煲

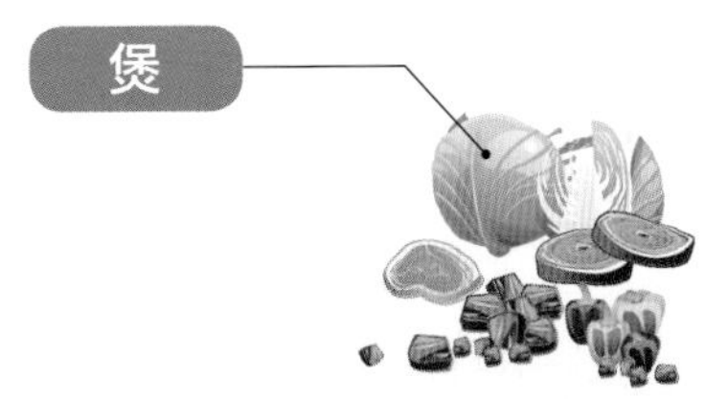

煲就是将原材料用文火煮，慢慢地熬。煲汤往往选择富含蛋白质的动物原料，一般需要三个小时左右。

厨房窍门介绍

如何炒菜才能更香更好吃？如何炖汤才能更鲜更好喝？
相信这是很多下厨新手最想咨询的问题。
大家继续往下看，炒菜炖汤的不传秘诀即将公布。

鲜豌豆巧保鲜

①水煮沸后，放少许食盐，倒入新鲜豌豆搅拌。

②约1分钟后，将豌豆捞出，放入冷水里快速冷却。

③将冷水中的豌豆捞出。

④用保鲜袋装好处理过的豌豆，放进冰箱冷冻处理。

如何做干豆角腊肉

①半肥的腊肉烧皮后刮洗干净，煮熟后切粗条；干豆角温水涨发后漂洗干净，改切3厘米长节备用。

②锅置旺火上，烧油至六成热，下辣椒节、整花椒，炸出香味后捞出。

③下腊肉爆炒吐油后，再下入姜片、料酒、干豆角，加汤，焖至干豆角熟时，放辣椒、花椒、蒜苗叶推匀，大火收汁，起锅装入盘中即可。

豆类存放的诀窍

①将豆子放入开水内浸泡1~2分钟，把绿豆中的虫卵杀死。

②然后晒干密封保存。

做卤水豆腐的窍门

①豆腐控干水分。

②油烧热，下豆腐炸。炸豆腐时注意，只能稍微拖动油锅，使豆腐受热均匀。

③待豆腐炸至金黄色，捞出放入卤水中煮10分钟，然后再浸泡。

④这样卤出来的豆腐不但外形完整，口感也非常嫩滑。

巧用碎豆腐做新菜

①将碎豆腐沥干水，放入碗内搅拌成豆腐泥。

②将咸鸭蛋的蛋黄切成碎粒，放入豆腐泥中拌匀。

③上锅蒸熟。

④从锅中取出，这样就做成一个“咸蛋蒸豆腐”。

麻婆豆腐的制作要点

①豆腐切成2厘米见方小块，用热水焯过，葱切花，姜去皮切末备用。

②油烧热，肉末用辣豆瓣酱、姜末炒酥，倒入高汤，放入豆腐、酱油、味精、酒，煮至汤汁快干，用水淀粉勾芡，盛盘。

③淋入芝麻油，撒上葱花、花椒粉以增香味即可。

豆腐焯水的要领

①将豆腐切成大小一致的小块，放入冷水锅中，然后加热。

②待水温上升到将开时，应减火保持温度，不必烧开。

③待豆腐上浮，手轻捏感觉有一定硬度时，就可将豆腐捞出，浸入冷水备用。

切菜不粘刀的诀窍

①切菜时总有碎菜粘在刀背上，很是恼人，可以先将刀擦干净。

②将一根牙签固定在透明胶带中央。

③将其粘在刀背一侧，使牙签离刀刃约5厘米的距离，这样切菜就不会粘刀。

有关豆类食品的小窍门

豆制品的质量鉴别

豆浆：从色泽上看，优质豆浆呈乳白色或淡黄色，有光泽；稍次的为白色，微有光泽；劣质豆浆是灰白色的，无光泽。从组织形态上看，优质豆浆的浆液均匀一致，浆体质地细腻，无结块，稍有沉淀；稍次豆浆有沉淀及杂质；劣质豆浆会出现分层、结块现象，并有大量沉淀。从气味上闻，优质豆浆具有豆浆香气，无其他异味；稍次豆浆香气平淡，稍有焦煳味或豆腥味；而劣质豆浆有浓重的焦煳味、酸败味、豆腥味或其他不良气味。

豆腐干：豆腐干有方干、圆干、香干之分。质量好的豆腐干，表面较干燥，手感坚韧、质细，气味正常（有香味）。变质的豆腐干，表面发黏、发腐、出水，色泽浅红（发花），没有干香气味，有的产生酸味，不能食用。掺假豆腐干表面粗糙，光泽差，如轻轻折叠，易裂，且折裂面呈现不规则的锯齿状，仔细查看可见粗糙物，这是因为掺入了豆渣或玉米粉。

素鸡：质量好的素鸡色泽白，表面较干燥，气味正常，切口光亮，无裂缝、无破皮、无重碱味。如果色泽浅红，表面发黏、发腐，有腐败味，说明已变质。

油豆腐：好的油豆腐有新鲜感，充水油豆腐油少、粗糙；好的油豆腐捻后容易恢复原状，充水油豆腐一捻就烂。

腐竹：质量一般分为三个等级。一级呈浅麦黄色，有光泽，蜂孔均匀，外形整齐，细且有油润感；二级呈灰黄色，光泽稍差，外形不整齐，有断碎。用温水浸泡10分钟，好腐竹水色黄而清，腐竹有弹性，无硬结现象，且有豆类清香味。

豆类快速煮烂的窍门

豆类如果没有经过浸泡很难煮透，可先将配比为1:3的豆类与水一起煮，待冷却后放入冰箱冷冻2小时左右，取出后水表层会出现些许结冰现象。此时再将锅放在煤气炉上加热，水与豆类受热程度不同，温度变化可让豆类约20分钟后就煮烂。

豆类防虫的妙方

沸水消毒法：取平口蒸锅一只，内盛半锅清水煮沸备用。用小竹篮盛上刚买来的各种豆类，如红豆、绿豆、蚕豆、豌豆等，浸入沸水30分钟，并不断用筷子搅拌即可杀死各类虫蛹。然后，迅速取出并浸泡在放满冷水的搪瓷盆内过滤。完成上述操作后，将豆类晾干、晒透，装入密封干燥的容器内便不再生虫。

大蒜防虫法：进入春季后，豆类容易生虫，若在存放豆类的密闭容器内放入几瓣带皮的大蒜，可使豆类三个月内不生虫。

豆浆的制作方法

厨房小家电的便利，使我们在家能够轻轻松松制作豆浆。如果你有一台家用豆浆机，那么就可以参照我们下面的方法来制作豆浆了。

第一步，精选豆子。豆子等谷物是我们做豆浆时的基本材料。在做豆浆前，我们首先要挑出坏豆、虫蛀过的豆子以及豆子中的杂质和沙石，保证豆浆的品质。

第二步，浸泡豆子。先清洗豆子，然后进行充分浸泡。一般而言，豆子的浸泡时间在6~12个小时即可。夏季的时候，时间可缩短，冬季则适当延长。时间要掌握好，如果太长，黄豆会变馊，以黄豆明显变大为准。

第三步，磨豆浆。磨豆浆非常容易，直接按照豆浆机中附带说明操作就可以了。先将泡发后的豆子放入豆浆机中，然后加入适量的水，再启动豆浆机。十几分钟或二十分钟后，香浓美味的豆浆就做好了。

制作豆浆应注意的细节

用豆浆机制作豆浆，已经成为不少家庭每天必不可少的一个环节。不过若要轻松制出口感浓郁且营养丰富的豆浆并不容易，虽然豆浆在制作的时候比较方便，但是如果忽视一些细节，豆浆的口感和营养价值就会大打折扣。现在我们就来看看制作豆浆的时候都需要注意哪些细节吧。

做豆浆前一定要泡豆

有人认为泡豆耽误时间，所以喜欢直接用豆浆机中的干豆功能，干豆做成的豆浆偶尔为之尚可，经常喝不利于身体健康。为什么这样说呢？黄豆外层的膳食纤维不能被人体消化吸收，它妨碍了大豆蛋白被人体吸收利用。如果充分地泡黄豆，能够软化它的外层，在黄豆经过粉碎、过滤、充分加热的步骤后，人体对黄豆营养的消化吸收率提高了不少。另外，豆皮上附有一层脏物，不经过充分浸泡很难彻底清洗干净。而且，利用干豆做出的豆浆无论在浓度、营养吸收率、口感和香味上，都不如用泡豆做出的豆浆好。所以，泡豆可以说是做豆浆时必不可少的一步，这样既能提高大豆粉碎效果和出浆率，又卫生健康。

泡豆的时间不可一成不变

如果室温在20~25℃，12个小时的泡豆时间足以让黄豆充分吸水，如果延长时间也不会获得更好的效果。不过，在夏天温度普遍高的时候，豆子浸泡12个小时很可能会发霉，所以，最好能放在冰箱中，在4℃的冰箱里泡豆12个小时，相当于室温下浸泡8小时的效果。如果是冬天，室内温度较低，可以在20~25℃下浸泡12个小时，适当延长黄豆的浸泡时间。

泡豆的水不能直接做豆浆

有的人直接用豆浆机浸泡豆子，在进行充分浸泡后为了图省事，直接用泡豆水做豆浆。这种方法倒是方便了，但对健康是很不利的。浸泡过黄豆的人都知道，黄豆在水中泡过一段时间后，会令水的颜色变黄，而且水面上还浮现出很多水泡。这是因为黄豆的碱性大，在经过浸泡后发酵就会引起这种现象。尤其是夏天泡过黄豆的水，更容易滋生细菌，发出异味。用泡豆水做出的豆浆，不但有碱味，而且也不卫生，人喝了之后有损健康。

美味豆浆需要细磨慢研

很多人喜欢喝豆浆，是因为它有润滑浓郁的口感。不过，有的人发现自己用豆浆机打出的豆浆没有那么香浓，实际上研磨时间的长短是影响豆浆营养和口感的一个重要细节。传统制作豆浆的方法是用小石磨一圈一圈地推着磨豆子，磨的时间越长，豆子研磨得越细，大豆蛋白的溶出率就越高，豆浆的口感也比较爽滑。现在一般家用的豆浆机，多是用刀片“磨”豆，一次难以打到很细，这样大豆蛋白质溶解不出来，口感就会变得寡淡。所以，在打豆浆的时候如果发现口味不浓，可以选择多打几次来实现石磨研磨的效果。

过滤豆渣，除掉豆腥味

黄豆特有的豆腥味在用豆浆机自制豆浆的过程中难以去除，这无疑影响了豆浆的口感。对这个难题，专家也有妙方，选择一块干净的医用纱布，将煮好的豆浆通过纱布过滤到杯子中，这样不仅可以过滤残留豆渣，还可以减轻豆浆中的豆腥味。

豆渣中含有丰富的食物纤维，有预防肠癌和减肥的功效，如果扔掉太可惜，我们可以将滤出的豆渣添加作料适当加工一下，就能变废为宝，做成各种可口的美食。豆渣的豆腥味如何去掉呢？在这里告诉大家一个简便方法。可以将豆渣用纱布包好，放入高汤中煮5分钟，捞出挤干水分就能去除豆腥味。

豆浆煮好后，最后一步就是清洗豆浆机了。传统豆浆机都有“豆罩”，需要将网罩浸泡于水中刷洗干净后风干，机头的部分则用软湿布擦拭。不过，现在很多豆浆机都是无网设计，清洗起来就方便很多，但是仍要注意豆浆机内的清洁卫生。

解读豆浆中的八大营养素

豆浆的营养价值很高，是其他食物无法比拟的，
更为可喜的是豆浆中的胆固醇含量几乎等于零。豆浆中主要有八大营养素，它们分别是大豆蛋白、大豆皂素、大豆异黄酮、大豆卵磷脂、脂肪、寡糖、维生素、矿物质等。
现在就分别介绍一下这八大营养素对我们身体的保健作用。

大豆蛋白质

大豆蛋白是黄豆的最主要成分，含量为38%以上，是谷类食物的4~5倍。大豆蛋白质属于植物性蛋白质。它的氨基酸组成与牛奶蛋白质相近，除了蛋氨酸含量略低外，其余必需的氨基酸含量很丰富，在营养价值上，可与动物蛋白媲美。另外，大豆蛋白在基因结构上也接近人体氨基酸。就平衡地摄取氨基酸而言，豆浆可算是最理想的食品。

大豆皂素

有的豆浆喝起来总是带着少许涩味，其实这种涩味就是大豆皂素造成的。

大豆皂素有一个最明显的效果，就是能够产生强力的抗氧化作用。对于女性来说，大豆皂素可以说是女人追求美丽的好帮手，因为它能够预防因为晒太阳造成的黑斑、雀斑等皮肤的老化症状。

大豆异黄酮

豆浆中的大豆异黄酮与雌激素的分子结构非常相似，能够与女性体内的雌激素受体相结合，对雌激素起到双向调节的作用，所以又被称为“植物雌激素”。

研究发现，亚洲人（尤其是日本人）乳腺癌、心血管疾病、更年期潮热的发病率明显低于欧美等国，一个很重要的原因就是东西方不同的膳食结构使得亚洲人有机会摄取到更多的豆制品。也就是说大豆异黄酮摄入的差异，是导致东西方疾病发病率不同的主要原因。

大豆卵磷脂

大豆卵磷脂是黄豆所含有的一种脂肪，为磷质脂肪的一种。卵磷脂主要存在于蛋黄、黄豆、动物内脏器官中。作为一种保健品，卵磷脂曾经在20世纪70年代风行于美国和日本，它的化学名为磷脂酰胆碱。卵磷脂因其健脑强身以及防止衰老的特殊功效，长期以来，在保健食品排行榜上居首位。

脂肪

黄豆约含有20%的脂肪。一提起脂肪，很多人都会想到肥胖，而不敢去碰它。其实大豆所含的脂肪称为不饱和脂肪，乃是身体所必需的物质。这些不饱和脂肪中，有很多是人体无法生成的，所以必须时常摄取。

黄豆中的不饱和脂肪酸，主要有亚油酸、亚麻酸、油酸等。

寡糖

豆浆即使不加糖，也有一股淡淡的香味，这其实就是寡糖的作用。黄豆的寡糖只存在于成熟的豆子里面，所以豆芽菜与毛豆并不含有寡糖。

寡糖对肠道非常有益，而豆浆也含有丰富的寡糖。寡糖可作为体内比菲德氏菌等有益菌生长繁殖的养料，而压抑有害菌种的生存空间，促成肠道菌群生态健全。这样可增加营养的吸收效率，减少肠道有害毒素的产生，延缓老化、维持免疫功能、减少肠道生长恶性肿瘤的危险。和乳酸菌、膳食纤维等物质一样，它也是整肠、体内环保、促进正常排便的好帮手。

维生素

黄豆所含有的B族维生素和维生素E十分丰富。B族维生素由八种水溶性维生素组成：维生素B_1、维生素B_2、烟酸、维生素B_6、叶酸、维生素B_{12}、泛酸以及生物素。

维生素B_1是葡萄糖代谢成热量过程中重要的辅酵素，如果缺乏维生素B_1，葡萄糖的新陈代谢就会受阻，热量的供应就会出问题。维生素B_2在保持健康皮肤与黏膜方面担任着很重要的任务，如果缺乏，会造成口角、舌头与眼睛的病变。有些研究还认为学童近视和缺乏维生素B_2有关。

维生素E也号称年轻的维生素，它最重要的生理功能就是抗氧化的能力。人体需要氧气燃烧养料产生热量，但如果氧化的过程控制不当，就会产生自由基，伤害细胞。维生素E能有效地清除自由基，防止体内的氧化，所以对预防生活习惯病、阻止皮肤的老化很有功效。

矿物质

海藻、海带、裙带菜等含有丰富的矿物质，这是众所周知的。实际上，豆浆中也含有丰富的矿物质。其中，钾能够促进钠的排泄，调整血压。镁能够促进血管、心脏、神经等的活动。植物性的铁难以被身体所吸收，但是豆浆中的铁例外，它很容易被吸收，同时又能够帮助氧气的供给。

从上面对豆浆营养成分的分析中，我们能够看出豆浆中所含的各种成分对人体健康都有良好的效果。如果单独摄取这些成分，可能要耗费很多时间，但是，一杯豆浆就可以帮我们摄取上述多种成分。

Part 2

豆类这样吃，展现神奇力量

豆类蔬菜的种类很多，其中常见的有刀豆、豆角、扁豆、荷兰豆等。豆类蔬菜的蛋白质含量一般为35%~40%，故有“植物肉”之称。此外，豆类的维生素、矿物质含量丰富，尤其钙、磷、铁的含量都较高。同时，豆类不含胆固醇，所含的脂肪基本上是不饱和脂肪酸，是高血压、冠心病、高血脂、动脉硬化患者的理想食品。

豆角

【热量】121千焦/100克

营养在线

豆角具有健脾养胃、理中益气、补肾、降血糖、促消化、增食欲、提高免疫力等功效；豆角所含B族维生素能使机体保持正常的消化腺分泌和胃肠道蠕动的功能，平衡胆碱酯酶活性，有帮助消化、增进食欲的功效；豆角的磷脂有促进胰岛素分泌，参与糖代谢的作用，是糖尿病患者的理想食品。

食用建议

一般人群均可食用，尤其适合糖尿病、肾虚、尿频、遗精及一些妇科功能性疾病患者多食，但气滞便结者应慎食豆角。

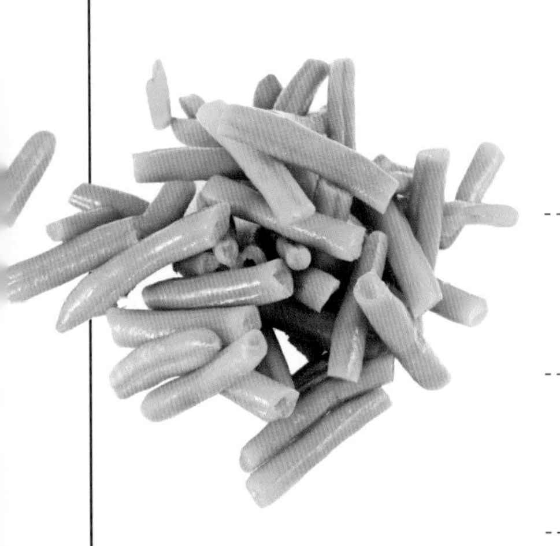

相宜搭配

✔豆角+冬瓜

消水肿

✔豆角+猪肉

增强免疫力

✔豆角+鸡肉

增进食欲

✔豆角+南瓜

开胃消食

✔豆角+蒜

帮助消化、杀菌消毒

✔豆角+土豆

增强免疫力

【性味】

性平，味甘

【归经】

入脾、大肠、小肠经

实用备忘录

豆角最好是现买现吃，这样既新鲜，口感又佳；豆角如果存放在常温状态下，就不能储存很久，为了更好地保存，可采用冰箱冷冻法、埋沙储存法。

推荐食谱

烹饪时间12分钟；口味香

肉末蒸干豆角

原料 ○3人份

肉末100克，水发干豆角100克，葱花3克，蒜末5克，姜末5克

调料

盐2克，生粉10克，生抽8毫升，料酒5毫升

做法

1. 泡好的干豆角切碎；肉末中加入料酒、生抽、盐、蒜末和姜末，拌匀，腌渍入味。
2. 往腌好的肉末中放入生粉，搅拌均匀；将拌好的肉末放入切碎的干豆角中，拌匀。
3. 将拌匀的干豆角和肉末放到盘中，稍稍压制成肉饼。
4. 取出已烧开水的电蒸锅，放入食材，调好时间旋钮，蒸10分钟至熟；取出肉末蒸干豆角，撒上葱花即可。

小叮咛 猪肉含有蛋白质、脂肪和微量元素，适量食用可以增强体质。

烹饪时间52分钟；口味鲜

土豆南瓜炖豆角

原料 ○5人份

五花肉260克，南瓜肉160克，土豆65克，豆角100克，姜片、葱段、八角各少许

调料

盐3克，鸡粉2克，料酒4毫升

做法

❶ 将洗净去皮的土豆切滚刀块；洗好的南瓜肉切大块；洗净的五花肉切块；洗好的豆角切长段。

❷ 锅中注入适量清水烧开，倒入肉块，汆去血水，捞出待用。

❸ 砂锅中注入适量清水烧热，倒入肉块，撒上备好的姜片、葱段、八角，拌匀，烧开后用小火炖煮约30分钟。

❹ 倒入土豆块，放入豆角段，再倒入南瓜块，拌匀，用小火续煮约20分钟，至食材熟透；加入盐、鸡粉，淋入料酒，拌匀调味，装入盘中即可。

烹饪时间27分钟；口味鲜

猪肉炖豆角

原料 ○3人份

五花肉200克，豆角120克，姜片、蒜末、葱段各少许

调料

盐2克，鸡粉2克，白糖4克，南乳5克，水淀粉、料酒、生抽、食粉、老抽各适量

做法

❶ 豆角切成段；锅中注入清水烧开，加入食粉、豆角，搅匀，煮至七成熟；捞出。

❷ 烧热炒锅，放入五花肉，炒出油；放入姜片、蒜末、南乳、料酒、白糖、生抽、老抽、清水、鸡粉、盐，炒匀。

❸ 盖上盖，用小火焖20分钟，至五花肉熟烂；揭盖，放入豆角，搅匀，再盖上盖，焖4分钟，至全部食材熟透。

❹ 揭盖，用大火收汁，倒入水淀粉勾芡；放入少许葱段，炒出葱香味；将炒好的食材盛出，装入盘中即可。

干豆角腐乳蒸肉

烹饪时间11分钟；口味咸

原料 ○3人份

五花肉150克，水发干豆角70克，蒸肉米粉80克，葱花3克

调料

鸡粉3克，腐乳15克，料酒5毫升，生抽10毫升

做法

❶ 将洗净的干豆角切段；洗好的五花肉切片。

❷ 把肉片放碗中，加入料酒、生抽、鸡粉、腐乳，拌匀；倒入蒸肉米粉，拌匀，腌渍一会儿，待用。

❸ 取一蒸盘，放入干豆角段，铺开；放入腌渍好的肉片，摆放整齐。

❹ 备好电蒸锅，烧开水后放入蒸盘；盖上盖，蒸约8分钟，至食材熟透；断电后揭盖，取出蒸盘，趁热撒上葱花即可。

小叮咛 猪肉含有丰富的蛋白质及脂肪、糖类、钙、磷、铁等成分，具有补虚强身、滋阴润燥、丰肌泽肤等功效。

烹饪时间8分钟；口味清淡

土豆炖油豆角

原料 ○4人份

土豆300克，油豆角200克，红椒40克，蒜末、葱段各少许

调料

豆瓣酱15克，盐2克，鸡粉2克，生抽5毫升，老抽3毫升，水淀粉5毫升，食用油适量

做法

❶ 洗净的油豆角切段；洗净去皮的土豆切厚块，再切条，改切成丁；洗好的红椒切开，去籽，切成小块。

❷ 热锅注油，烧至五成热，倒入土豆，炸至金黄色；捞出，沥干油。

❸ 锅底留油，放入蒜末、葱段，爆香；倒入油豆角、土豆、清水、豆瓣酱、盐、鸡粉、生抽、老抽，炒匀，焖5分钟。

❹ 揭开盖子，加入红椒，炒匀；略焖片刻；淋入水淀粉炒匀，装碗中即可。

烹饪时间2分30秒；口味鲜

肉末豆角

原料 ○4人份

肉末120克，豆角230克，彩椒80克，姜片、蒜末、葱段各少许

调料

食粉2克，盐2克，鸡粉2克，蚝油5克，生抽、料酒、食用油各适量

做法

❶ 洗好的豆角切成段；洗净的彩椒切开，去籽，切条，再切成丁。

❷ 锅中注入清水烧开，放入食粉、豆角，搅匀，煮1分30秒，至其断生，捞出。

❸ 用油起锅，放入肉末、料酒、生抽，翻炒匀；放入姜片、蒜末、葱段、彩椒丁，放入焯过水的豆角，翻炒均匀。

❹ 加入盐、鸡粉、蚝油、水淀粉，快速翻炒匀，至食材入味；盛出炒好的菜肴，装入盘中即可。

烹饪时间5分钟；口味咸

酱香花菜豆角

原料 ○5人份

花菜270克，豆角380克，熟五花肉200克，洋葱100克，青彩椒50克，红彩椒60克，姜片少许

调料

盐、鸡粉各1克，豆瓣酱40克，水淀粉5毫升，食用油适量

做法

1. 洗净的洋葱切块；洗好的青彩椒、红彩椒切开，去籽，切菱形片；熟五花肉切片；洗净的豆角切小段；洗好的花菜去梗，剩余部分切成小块，待用。
2. 沸水锅中倒入花菜，焯煮片刻；放入豆角，焯煮一会儿至断生，捞出焯好的花菜和豆角，沥干水分。
3. 另起锅注油，倒入五花肉，拨散；放入姜片，炒至油脂析出；放入豆瓣酱、花菜、豆角，炒匀。
4. 加入盐、鸡粉，注入少许清水，翻炒均匀；倒入青、红彩椒和洋葱，炒熟；用水淀粉勾芡，翻炒至收汁；关火后盛出菜肴，装盘即可。

小叮咛 花菜含有纤维素、维生素A、维生素C、钙、磷等营养物质，具有抗癌防癌、促进食欲等功效。

烹饪时间5分钟；口味辣

香烤豆角

原料 ○3人份

豆角200克

调料

辣椒粉、烧烤粉、烧烤汁、盐、孜然粉、食用油各适量

做法

❶ 将洗净的豆角切成长段；把豆角穿到竹签上，在烧烤架上刷适量食用油。

❷ 将豆角串放到烤架上，用中火烤2分钟至香味散出；在豆角上刷适量食用油，将豆角翻面，刷上少许食用油。

❸ 撒入盐、孜然粉、辣椒粉、烧烤粉，用中火烤2分钟；再将豆角翻面，刷上食用油、烧烤汁，撒入辣椒粉、盐、孜然粉，烤约半分钟。

❹ 将豆角翻面，撒入烧烤粉、孜然粉，烤约半分钟至熟；将烤好的豆角装入盘中即可。

烹饪时间3分钟；口味鲜

肉末芽菜煸豆角

原料 ○5人份

肉末300克，豆角150克，芽菜120克，红椒20克，蒜末少许

调料

盐2克，鸡粉2克，豆瓣酱10克，生抽、食用油各适量

做法

❶ 豆角切成小段；红椒切成小块。

❷ 锅中注入适量清水烧开，加入少许食用油、1克盐，倒入豆角段，搅散，煮半分钟至其断生，捞出，沥干水分。

❸ 用油起锅，倒入肉末，炒至变色；加入生抽，略炒片刻；放入豆瓣酱，炒匀；加入蒜末，炒香；倒入焯煮好的豆角、红椒，炒香。

❹ 放入芽菜，用中火炒匀；加入1克盐、鸡粉，炒匀；关火后盛出炒好的菜肴即可。

韭菜花酸豆角炒鸭胗

烹饪时间3分钟；口味鲜

原料 ○3人份

鸭胗150克，酸豆角110克，韭菜花105克，油炸花生米70克，干辣椒20克

调料

料酒10毫升，生抽5毫升，盐2克，鸡粉2克，辣椒油5毫升，食用油适量

做法

❶ 择洗好的韭菜花切小段；洗净的酸豆角切成小段；油炸花生米用刀面拍碎；处理好的鸭胗切片，切条，再切粒。

❷ 锅中注入适量清水大火烧开；倒入鸭胗，淋入5毫升料酒，汆煮片刻；将鸭胗捞出，沥干水分，待用。

❸ 热锅注油烧热，倒入干辣椒，翻炒爆香；倒入鸭胗、酸豆角，快速翻炒均匀；淋入5毫升料酒、生抽，倒入花生碎、韭菜花，翻炒匀。

❹ 加入盐、鸡粉、辣椒油，炒匀调味；关火，将炒好的菜盛出装入盘中即可。

小叮咛 韭菜花含有钙、磷、铁、胡萝卜素、维生素B_2、维生素C等成分，具有开胃消食、增强免疫力等功效。

烹饪时间3分钟；口味鲜

酸豆角炒鸭肉

原料 ○5人份

鸭肉500克，酸豆角180克，朝天椒40克，姜片、蒜末、葱段各少许

调料

盐3克，鸡粉3克，白糖4克，料酒10毫升，生抽5毫升，水淀粉5毫升，豆瓣酱10克，食用油适量

做法

❶ 处理好的酸豆角切段；洗净的朝天椒切圈，待用。

❷ 锅中注清水烧开，倒入酸豆角，煮半分钟，去除杂质，捞出；把鸭肉倒入沸水锅中，汆去血水，捞出。

❸ 用油起锅，放入姜片、蒜末、朝天椒，爆香；倒入鸭肉、料酒、豆瓣酱、生抽、清水、酸豆角，炒匀。

❹ 放入盐、鸡粉、白糖、水淀粉，焖至食材入味；装盘放上葱段即可。

烹饪时间2分钟；口味鲜

酸豆角炒猪耳

原料 ○3人份

卤猪耳200克，酸豆角150克，朝天椒10克，蒜末、葱段各少许

调料

盐2克，鸡粉2克，生抽3毫升，老抽2毫升，水淀粉10毫升，食用油适量

做法

❶ 将酸豆角的两头切掉，再切长段；洗净的朝天椒切圈；把卤猪耳切片。

❷ 锅中注入清水烧开，倒入酸豆角拌匀，煮1分钟，减轻其酸味，捞出待用。

❸ 用油起锅，倒入猪耳炒匀；淋入生抽、老抽，炒香炒透；撒上蒜末、葱段、朝天椒，炒出香辣味；放入酸豆角，炒匀。

❹ 加入盐、鸡粉，炒匀调味；倒入水淀粉勾芡；盛出炒好的菜肴即可。

烹饪时间55分钟；口味鲜

鸡翅烧豆角

原料 ○3人份

鸡翅200克，豆角150克，干辣椒2克，香叶1克，姜片、葱段各少许

调料

盐2克，鸡粉、白糖各3克，生抽、料酒、食用油各适量

做法

❶ 洗净的豆角切段。

❷ 取一碗，倒入鸡翅，淋入料酒，加入生抽，拌匀，腌渍30分钟。

❸ 用油起锅，放入鸡翅，煎约2分钟至两面金黄色；倒入姜片、葱段，拌匀；加入干辣椒、香叶，拌匀；放入豆角，拌匀；淋入料酒，注入清水。

❹ 加入盐、白糖、生抽，拌匀，中火焖20分钟至熟；放入鸡粉，拌匀；关火后将烧好的菜肴盛出装入盘中即可。

小叮咛 鸡翅含有蛋白质、不饱和脂肪酸、维生素D、维生素K、磷、铁、铜、锌等营养成分，具有增强免疫力、健脾胃、活血脉、强筋骨等功效。

烹饪时间2分钟；口味清淡

柏子仁核桃炒豆角

原料 ○3人份

豆角300克，核桃仁30克，彩椒10克，柏子仁、姜片、葱段各少许

调料

盐、鸡粉各2克，水淀粉、食用油各适量

做法

❶ 洗好的彩椒切条形；洗净的豆角切成长段。

❷ 锅中注入适量清水烧开，放入豆角，加入少许食用油、1克盐，煮至豆角呈深绿色；放入彩椒，拌匀，煮至断生，捞出待用。

❸ 用油起锅，倒入姜片、葱段，爆香；放入备好的柏子仁，倒入焯过水的食材，炒匀；放入核桃仁，炒匀。

❹ 加入1克盐、鸡粉、水淀粉翻炒匀，至食材熟软入味；关火后盛出炒好的菜肴即可。

烹饪时间4分钟；口味淡

麻香豆角

原料 ○3人份

豆角200克，蒜末少许

调料

盐2克，芝麻酱4克，鸡粉2克，芝麻油5毫升

做法

❶ 洗好的豆角切长段。

❷ 锅中注入适量清水烧开，放入豆角，加入1克盐，煮至断生，捞出豆角，沥干水分，待用。

❸ 取一个大碗，倒入豆角、蒜末，放入芝麻酱，加入1克盐、鸡粉、芝麻油搅拌匀，至食材入味。

❹ 将拌好的食材盛入盘中即可。

川香豆角

烹饪时间10分钟；口味辣

原料 ○3人份

豆角350克，蒜末5克，干辣椒3克，花椒8克，白芝麻10克

调料

盐2克，鸡粉3克，蚝油、食用油各适量

做法

❶ 将洗净的豆角切成段。
❷ 用油起锅，倒入蒜末、花椒、干辣椒，爆香；加入豆角，炒匀。
❸ 倒入少许清水，翻炒约5分钟至熟；加入盐、蚝油、鸡粉，翻炒约3分钟至入味。
❹ 关火，将炒好的豆角盛出装入盘中，撒上白芝麻即可。

小叮咛 豆角含有蛋白质、脂肪、纤维素、糖类、维生素A、维生素C、维生素E及钙、钠、铁等营养成分，具有益气补血、解渴健脾、益肝补肾等功效。

烹饪时间3分30秒；口味鲜

豆角煎蛋

原料 ○3人份

鸡蛋3个，豆角90克，彩椒少许

调料

盐2克，鸡粉少许，食用油适量

做法

❶ 将洗净的豆角切丁；洗好的彩椒切条形，改切成丁。

❷ 锅中注入适量清水烧开，倒入豆角，煮约1分30秒，至其断生后捞出，沥干水分，待用。

❸ 把鸡蛋打入碗中，加入盐、鸡粉，搅散，再放入焯过水的豆角，倒入彩椒丁，搅拌匀，制成蛋液。

❹ 煎锅置火上，淋入少许食用油，烧至四成热；倒入调好的蛋液，铺成圆饼形，用小火煎出香味；再翻转材料，晃动锅底，煎约2分钟，至两面呈金黄色即可。

烹饪时间3分钟；口味辣

鸳鸯豆角

原料 ○3人份

豆角120克，酸豆角100克，肉末35克，剁椒酱15克，红椒20克，泡小米椒12克，蒜末、姜末、葱花各少许

调料

盐2克，鸡粉少许，料酒4毫升，水淀粉、食用油各适量

做法

❶ 豆角切长段；泡小米椒切小段；洗净的红椒切条形；洗好的酸豆角切长段。

❷ 锅中注入清水烧开，倒入豆角，焯煮至断生后捞出；再倒入酸豆角，焯后捞出。

❸ 用油起锅，倒入肉末、蒜末、姜末、葱花，炒香，倒入泡小米椒、剁椒酱、清水，倒入焯过水的材料，撒上红椒条翻炒匀。

❹ 加入料酒、盐、鸡粉、水淀粉，炒至食材熟透；关火盛出炒好的菜肴即可。

烹饪时间2分30秒；口味鲜

豆角烧茄子

原料 ○3人份

豆角130克，茄子75克，肉末35克，红椒25克，蒜末、姜末、葱花各少许

调料

盐、鸡粉各2克，白糖少许，料酒4毫升，水淀粉、食用油各适量

做法

1. 将洗净的豆角切长段；洗好的茄子切厚片，改切成长条；洗净的红椒切条状，再切碎末。
2. 热锅注油烧热，倒入茄条搅匀，炸至其变软，捞出；油锅中再倒入豆角，拌匀，炸至呈深绿色，捞出。
3. 用油起锅，倒入备好的肉末，炒至变色；撒上姜末、蒜末，快速翻炒出香味，倒入红椒末炒匀，倒入炸过的食材，用小火翻炒匀。
4. 加入盐、白糖、鸡粉，淋入料酒炒匀，再用水淀粉勾芡；关火后盛出炒好的菜肴，装入盘中，撒上葱花即可。

小叮咛 茄子含有膳食纤维、B族维生素、维生素C、维生素E、钙、磷、钾、镁、铁、锌等营养成分，具有保护心血管、降血压、延缓衰老等功效。

烹饪时间3分钟；口味清淡

木耳拌豆角

原料 ○3人份

水发木耳40克，豆角100克，蒜末、葱花各少许

调料

盐3克，鸡粉2克，生抽4毫升，陈醋6毫升，芝麻油、食用油各适量

做法

❶ 豆角切成小段；洗好的木耳切成小块。

❷ 锅中注入适量清水烧开，加入1克盐、1克鸡粉，倒入豆角，再注入少许食用油，搅匀，煮约半分钟；放入木耳，搅匀，煮约1分30秒，捞出待用。

❸ 将焯煮好的食材装在碗中，撒上蒜末、葱花，加入2克盐、1克鸡粉，淋入生抽、陈醋，再倒入少许芝麻油，搅拌一会儿，至食材入味。

❹ 取一个干净的盘子，盛入拌好的食材即可。

烹饪时间1分30秒；口味鲜

陈皮豆角炒牛肉

原料 ○3人份

陈皮10克，豆角180克，红椒35克，牛肉200克，姜片、蒜末、葱段各少许

调料

盐3克，鸡粉2克，料酒3毫升，生抽4毫升，水淀粉、食用油各适量

做法

❶ 牛肉切片，陈皮切丝；把牛肉片放在碗中，放入陈皮丝、2毫升生抽、1克盐、1克鸡粉、水淀粉、食用油，腌渍入味；豆角焯水，捞出，沥干水分，待用。

❷ 用油起锅，放入姜片、蒜末、葱段、红椒丝，爆香；倒入牛肉片，炒松散；淋入料酒，炒香、炒透；倒入豆角，快速炒熟。

❸ 加入1克鸡粉、2克盐，淋入2毫升生抽，炒匀调味；用水淀粉勾芡，翻炒至食材入味；盛出炒好的菜肴，装在盘中即可。

豆角鸡蛋炒面

烹饪时间2分钟；口味鲜

原料 ○3人份

熟宽面200克，豆角50克，鸡蛋液65克，葱花少许

调料

盐2克，鸡粉2克，生抽5毫升，白胡椒粉、食用油各适量

做法

1. 处理好的豆角切成小段，待用。
2. 锅中注入适量清水大火烧开，倒入豆角，搅匀，焯煮片刻；捞出，沥干水分。
3. 热锅注油烧热，倒入蛋液，炒散；将炒好的鸡蛋盛出，装入碗中即可。
4. 锅底留油烧热，倒入豆角，倒入熟宽面，翻炒匀；倒入炒好的鸡蛋，快速翻炒匀；加入生抽、盐、鸡粉、白胡椒粉，翻炒入味，撒上葱花即可。

小叮咛 豆角含有蛋白质、脂肪、维生素、胡萝卜素、矿物质等成分，具有补肾止泄、益气生津等功效。

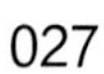

烹饪时间1分30秒；口味鲜

虾仁炒豆角

 ○3人份

虾仁60克，豆角150克，红椒10克，姜片、蒜末、葱段各少许

调料

盐3克，鸡粉2克，料酒4毫升，水淀粉、食用油各适量

做法

❶ 洗净的豆角切成段；洗好的红椒切开，再切成条；洗净的虾仁由背部切开，去除虾线，加入1克盐、1克鸡粉、水淀粉、食用油，腌渍入味。

❷ 锅中注入清水烧开，放入食用油、1克盐、豆角，煮至豆角变成翠绿色后捞出。

❸ 用油起锅，放入姜片、蒜末、葱段，爆香；倒入红椒、虾仁、料酒，炒至虾身弯曲；倒入豆角，翻炒匀。

❹ 加入1克鸡粉、1克盐、清水、水淀粉，炒至食材熟透即可。

烹饪时间4分钟；口味淡

麻酱豆角

原料 ○3人份

豆角200克，红椒40克，芝麻酱20克，蒜末少许

调料

盐2克，食粉适量

做法

❶ 将洗好的红椒切成圈；洗净的豆角切成段。

❷ 锅中注入适量清水烧开，放入适量食粉、盐，倒入豆角，搅匀，煮1分30秒至熟；捞出，装入盘中，待用。

❸ 另起锅，倒入适量清水烧开，放入红椒，煮沸；将煮好的红椒捞出，装碟备用。

❹ 把豆角倒入碗中，放入蒜末，放入红椒，加芝麻酱，拌匀；把拌好的材料盛出，装入盘中即可。

四季豆

【热量】117千焦/100克

【归经】归脾、胃经

【性味】性微温，味甘、淡

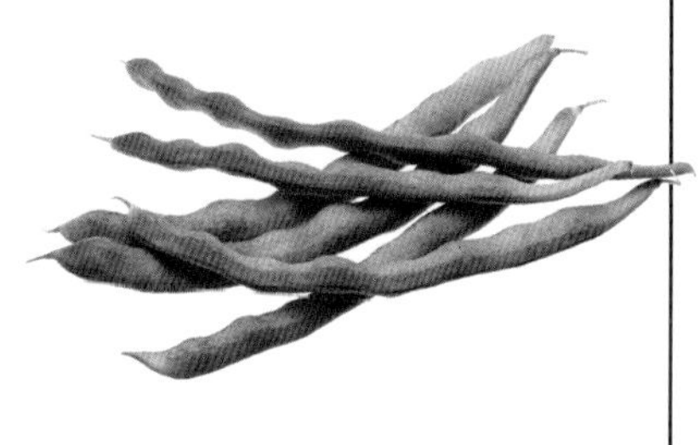

营养在线

四季豆中的皂苷类物质能降低机体对脂肪的吸收，促进脂肪代谢，起到排毒瘦身的功效。

食用建议

一般人群均可食用，腹胀者忌食。

相宜搭配

✔四季豆+干香菇

抗老化、抗癌、保护眼睛

✔四季豆+虾

开胃消食

✔四季豆+鸡蛋

增加营养

✔四季豆+花椒

帮助血液正常凝固

推荐食谱

烹饪时间22分钟；口味鲜

粉蒸四季豆

原料 ○3人份

四季豆200克，蒸肉米粉30克

调料

盐2克，生抽8毫升，食用油适量

做法

❶ 将择洗干净的四季豆切段；把四季豆装入碗中，倒入盐、生抽、食用油拌匀，腌渍约5分钟，待用。

❷ 取腌好的四季豆，加入蒸肉米粉，拌匀；再转到蒸盘中，摆好盘。

❸ 备好电蒸锅，烧开水后放入蒸盘，盖上盖，蒸约15分钟，至食材熟透。

❹ 断电后揭盖，取出蒸盘；稍微冷却后食用即可。

烹饪时间2分钟；口味鲜

虾仁四季豆

原料 ○3人份

四季豆200克，虾仁70克，姜片、蒜末、葱白各少许

调料

盐4克，鸡粉3克，料酒4毫升，水淀粉、食用油各适量

做法

1. 把洗净的四季豆切成段；洗好的虾仁由背部切开，去除虾线，放入1克盐、1克鸡粉、水淀粉、食用油，腌渍入味。
2. 锅中注清水烧开，加入适量食用油、1克盐，倒入四季豆，焯煮2分钟至其断生；把焯好的四季豆捞出，备用。
3. 用油起锅，放入姜片、蒜末、葱白，爆香；倒入腌渍好的虾仁，拌炒匀；放入四季豆，炒匀，淋入料酒，炒香。
4. 加入2克盐、2克鸡粉，炒匀调味；倒入适量水淀粉，拌炒均匀；将炒好的菜盛出，装盘即可。

小叮咛 虾仁营养丰富，其蛋白质含量是鱼、蛋、奶的几倍到几十倍，还含有钾、碘、镁、磷等矿物质及维生素A、氨茶碱等成分，适合处于生长发育期的儿童食用。

烹饪时间3分钟；口味辣

四季豆拌鱼腥草

原料 ○3人份

四季豆200克，彩椒40克，鱼腥草120克，干辣椒、花椒、蒜末、葱花各少许

调料

盐3克，鸡粉2克，白醋3毫升，辣椒油3毫升，白糖4克，食用油适量

做法

❶ 洗好的四季豆切成段；洗净的彩椒切开，去籽，切成丝；洗好的鱼腥草切成段，备用。

❷ 锅中注入清水烧开，倒入食用油、1克盐、四季豆，拌匀，煮2分钟；倒入鱼腥草、彩椒，再煮半分钟，捞出。

❸ 用油起锅，放入干辣椒、花椒，爆香；盛出炒好的花椒油，待用。

❹ 将焯煮好的食材装入碗中，放入蒜末、葱花、花椒油、2克盐、鸡粉、白醋、辣椒油、白糖，拌至食材入味即可。

烹饪时间17分钟；口味鲜

四季豆烧排骨

原料 ○4人份

去筋四季豆200克，排骨300克，姜片、蒜片、葱段各少许

调料

盐、鸡粉各1克，生抽、料酒各5毫升，水淀粉、食用油各适量

做法

❶ 洗净的四季豆切段；沸水锅中倒入洗好的排骨，汆煮一会儿至去除血水及脏污，捞出待用。

❷ 热锅注油，倒入姜片、蒜片、葱段，爆香；倒入汆好的排骨，稍炒均匀；加入生抽、料酒翻炒均匀。

❸ 注入清水，拌匀；倒入四季豆，炒匀；加盖，焖15分钟至食材熟软入味。

❹ 加入盐、鸡粉，炒匀；用水淀粉勾芡，将食材炒至收汁；关火后盛出菜肴，装盘即可。

烹饪时间5分钟；口味辣

椒麻四季豆

原料 ○3人份

四季豆200克，红椒15克，花椒、干辣椒、葱段、蒜末各少许

调料

盐3克，鸡粉2克，生抽3毫升，料酒5毫升，豆瓣酱6克，水淀粉、食用油各适量

做法

❶ 洗净的四季豆去除头尾，切小段；洗好的红椒切开，去籽，切小块。

❷ 锅中注清水烧开，加入1克盐、食用油，倒入四季豆，焯煮约3分钟，至其熟软；捞出焯煮好的四季豆，沥干水分，待用。

❸ 用油起锅，倒入花椒、干辣椒、葱段、蒜末，爆香；放入红椒，倒入焯过水的四季豆，炒匀。

❹ 加入2克盐、料酒、鸡粉、生抽、豆瓣酱，炒匀调味；倒入少许水淀粉翻炒均匀，至食材入味；关火后盛出炒好的食材，装入盘中即可。

小叮咛 四季豆含有蛋白质、维生素C、不饱和脂肪酸和多种矿物质，具有益气健脾、利水消肿、清热去火、增强免疫力、防癌抗癌等功效。

烹饪时间6分钟；口味辣

香烤四季豆

原料 ○3人份

四季豆100克

调料

盐、烧烤粉、孜然粉、辣椒粉、食用油各适量

做法

❶ 将洗净的四季豆切成4厘米长的段，待用；用牙签将四季豆穿成串，备用。

❷ 在烧烤架上刷适量食用油；把四季豆串放在烧烤架上，两面均刷上少量食用油，用中火烤2分钟至变色。

❸ 翻面，撒上辣椒粉、盐、孜然粉，用中火烤2分钟至入味。

❹ 翻面，再撒上盐、孜然粉、辣椒粉、烧烤粉，用小火烤1分钟至熟；将烤好的四季豆装入盘中即可。

烹饪时间7分钟；口味鲜

酱焖四季豆

原料 ○3人份

四季豆350克，蒜末10克，葱段少许

调料

黄豆酱15克，辣椒酱5克，盐、食用油各适量

做法

❶ 锅中注入适量清水烧开，放入盐、食用油，倒入四季豆，搅匀煮至断生；将其捞出，沥干水分待用。

❷ 热锅注油烧热，倒入辣椒酱、黄豆酱，爆香；倒入少许清水，放入四季豆，翻炒；加入少许盐，炒匀调味。

❸ 盖上锅盖，小火焖5分钟至熟透；揭开锅盖，倒入葱段，翻炒一会儿。

❹ 关火，将炒好的菜盛出装入盘中，放上蒜末即可。

烹饪时间50分钟；口味辣

四季豆炖排骨

原料 ○3人份

排骨段260克，四季豆150克，彩椒30克，八角、花椒、姜片、葱段各少许

调料

盐2克，鸡粉2克，料酒4毫升，生抽5毫升，胡椒粉、水淀粉、食用油各适量

做法

1. 将洗净的彩椒切成小块；洗好的四季豆切成长段。
2. 锅中注入适量清水烧开，倒入洗净的排骨，淋入2毫升料酒，拌匀，汆去血水，捞出待用。
3. 用油起锅，放入姜片、葱段，爆香；倒入排骨，炒匀；淋入2毫升料酒、2毫升生抽，炒匀；放入八角、花椒，炒香；注入清水，用中小火焖煮约30分钟。
4. 加入盐、3毫升生抽，倒入四季豆，拌匀，用中小火续煮15分钟；倒入彩椒，加鸡粉、胡椒粉，炒匀；用水淀粉勾芡；拣出八角即可。

小叮咛 排骨含有蛋白质、不饱和脂肪酸、多种维生素和矿物质，具有健脾胃、增进食欲、增强免疫力、消暑等功效。

烹饪时间3分钟；口味鲜

肉末干煸四季豆

原料 ○3人份

四季豆170克，肉末80克

调料

盐2克，鸡粉2克，料酒5毫升，生抽、食用油各适量

做法

❶ 将洗净的四季豆切成长段；热锅注油，烧至六成热，放入四季豆，拌匀，用小火炸2分钟；捞出沥干油，备用。

❷ 锅底留油烧热，倒入肉末，炒匀；加入料酒，炒香。

❸ 倒入少许生抽，炒匀；放入炸好的四季豆，炒匀。

❹ 加入盐、鸡粉，炒匀调味；关火后盛出炒好的菜肴，装入盘中即可。

烹饪时间2分30秒；口味鲜

鱿鱼须炒四季豆

原料 ○4人份

鱿鱼须200克，四季豆300克，彩椒适量，姜片、葱段各少许

调料

盐3克，白糖2克，料酒6毫升，鸡粉2克，水淀粉3毫升，食用油适量

做法

❶ 洗好的四季豆切成小段；洗净的彩椒切开，去籽，再切成粗条；处理好的鱿鱼须切成段，待用。

❷ 锅中注入适量清水，加入1克盐，分别倒入四季豆、鱿鱼须焯水，捞出。

❸ 热锅注油，倒入姜片、葱段，爆香；放入鱿鱼须，快速翻炒均匀；淋入料酒，倒入彩椒、四季豆。

❹ 加入2克盐、白糖、鸡粉、水淀粉快速翻炒均匀，至食材入味；关火后将炒好的菜肴盛出，装入盘中即可。

烹饪时间 2分30秒；口味淡

豆腐四季豆碎米粥

原料 ○3人份

豆腐85克，四季豆75克，大米65克

调料

盐少许

做法

❶ 将洗好的豆腐切成片，再切条，改切成丁；把择洗干净的四季豆切成段，焯水。

❷ 取榨汁机，选择搅拌刀座组合，把四季豆放入杯中，倒入适量清水，盖上盖，选择“搅拌”功能，榨取四季豆汁。

❸ 选择干磨刀座组合，将大米放入杯中，拧紧杯子与刀座，套在榨汁机上，并拧紧；选择“干磨”功能，将大米磨成米碎，倒入碗中，待用。

❹ 把榨好的四季豆汁倒入汤锅中，倒入米碎，用勺子持续搅拌1分30秒，煮成米糊；加入豆腐，拌匀，煮沸；放入盐，拌匀，调味；关火，把煮好的米糊倒入碗中即可。

小叮咛 四季豆含有胡萝卜素、钙、B族维生素、蛋白质和多种氨基酸。宝宝适量食用对脾胃很有益处，可以增进食欲。夏季常吃还有消暑清口的作用。

烹饪时间8分钟；口味鲜

鱼香茄子烧四季豆

原料 ○3人份

茄子160克，四季豆120克，肉末65克，青椒20克，红椒15克，姜末、蒜末、葱花各少许

调料

鸡粉2克，生抽3毫升，料酒3毫升，陈醋7毫升，水淀粉、豆瓣酱、食用油各适量

做法

1. 将青椒、红椒均去籽，切成条形；茄子切成条形；四季豆切成长段。
2. 热锅注油烧热，倒入四季豆，炸1分钟，捞出；倒入茄子，炸至变软，捞出。
3. 用油起锅，倒入肉末、姜末、蒜末、豆瓣酱，炒匀；倒入青椒、红椒、清水、鸡粉、生抽、料酒、茄子、四季豆，炒匀。
4. 盖上盖，焖5分钟至熟，加入陈醋、水淀粉，炒至入味，撒上葱花即可。

烹饪时间2分钟；口味辣

榄菜四季豆

原料 ○3人份

四季豆200克，红椒20克，橄榄菜60克，蒜末、干辣椒、花椒各少许

调料

盐1克，鸡粉2克，生抽3毫升，料酒5毫升，食用油适量

做法

1. 洗好的四季豆切段；洗净的红椒切条，备用。
2. 热锅注油，烧至四五成热，倒入四季豆，炸约半分钟至其断生，捞出，装盘待用。
3. 锅底留油，放入红椒、蒜末、花椒、橄榄菜、干辣椒，爆香；倒入炸好的四季豆，淋入料酒，加入盐、鸡粉，炒匀。
4. 倒入生抽，炒至食材入味；关火后盛出炒好的菜肴，装入盘中即可。

荷兰豆

【热量】71千焦/100克

营养在线

荷兰豆具有调和脾胃、利肠、利水的功效，还可以使皮肤柔润光滑，并能抑制黑色素的形成，有美容的功效；荷兰豆的维生素C有助于预防雀斑和黑斑的形成；荷兰豆中的B族维生素可以促进糖类和脂肪的代谢，有助于改善肌肤状况；荷兰豆含有较为丰富的纤维素，有清肠作用，可以防治便秘。

食用建议

荷兰豆适合于脾胃虚寒、小腹胀满、呕吐腹泻、产后乳汁不下、烦热口渴者，不宜于尿路结石者、皮肤病患者、慢性胰腺炎患者、糖尿病患者、消化不良者。

相宜搭配

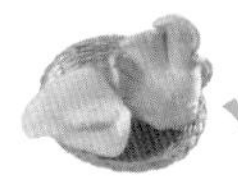

✓荷兰豆+蘑菇

开胃消食

✓荷兰豆+辣椒

增强免疫力

✓荷兰豆+松仁

防癌抗癌

✓荷兰豆+牛肉

增强免疫力

✓荷兰豆+猪肉

增强免疫力

✓荷兰豆+马蹄

益气补血

【性味】

性寒，味甘

【归经】

归脾、胃、大肠、小肠经

实用备忘录

荷兰豆最好现买现吃，这样比较新鲜，口感也是最佳，如果一次吃不完，可以放入保鲜袋中，扎紧口袋，低温保存。

推荐食谱

烹饪时间8分钟；口味淡

粉蒸荷兰豆

原料 ○3人份

荷兰豆120克，肉末50克，蒸肉米粉30克，红椒丁15克，姜末、蒜末各5克，葱花3克

调料

盐3克，食用油适量

做法

1. 用油起锅，撒上姜末、蒜末，爆香，倒入红椒丁，炒匀；放入肉末，炒香，至其转色，加入盐，炒匀；关火后盛在小碟子中，待用。
2. 取一大碗，放入择洗干净的荷兰豆；倒入炒熟的肉末，放入蒸肉米粉，拌匀。
3. 转到蒸盘中，摆好造型，放入蒸锅，盖上盖，蒸约5分钟，至食材熟透。
4. 断电后揭盖，取出蒸盘，趁热撒上葱花即可。

小叮咛 荷兰豆含有蛋白质、胡萝卜素、维生素B_1、维生素B_2、烟酸、植物凝集素、止权素、赤霉素以及钙、磷、铁等营养成分，不仅具有增强人体新陈代谢功能的作用，还具有和中下气、利小便、解疮毒、益脾和胃、生津止渴等功效。

烹饪时间3分钟；口味鲜

尖椒火腿炒荷兰豆

原料 ○3人份

青椒75克，彩椒20克，荷兰豆40克，火腿120克，姜片、葱段各少许

调料

盐4克，料酒3毫升，鸡粉2克，水淀粉、食用油各适量

做法

❶ 青椒去籽，切成小块；彩椒切成小块；火腿去除外包装，切成条。

❷ 锅中注清水烧开，加入2克盐、食用油、彩椒、青椒、荷兰豆焯水，捞出；另起锅注油烧热，放入火腿，炸香，捞出。

❸ 锅底留油，下入姜片、葱段，炒香；倒入青椒、彩椒、荷兰豆，放入火腿，炒匀；淋入料酒，略炒；加入2克盐、鸡粉炒匀调味。

❹ 倒入少许水淀粉，快速炒匀至入味；起锅，盛出炒好的菜肴即可。

烹饪时间2分钟；口味鲜

荷兰豆炒牛肉

原料 ○2人份

牛肉90克，荷兰豆70克，彩椒25克，姜末、蒜末、葱末各少许

调料

盐3克，鸡粉2克，蚝油2克，老抽2毫升，生抽4毫升，料酒5毫升，水淀粉、食用油各适量

做法

❶ 彩椒切块；牛肉切片，加生抽、1克盐、1克鸡粉、水淀粉、食用油，腌渍入味。

❷ 锅中注清水烧开，加入食用油、1克盐、荷兰豆、彩椒，拌匀，煮至断生，捞出。

❸ 用油起锅，倒入牛肉片、姜末、蒜末、葱末、料酒，炒匀；加入老抽、蚝油，翻炒上色。

❹ 倒入焯过水的食材，加入1克盐、1克鸡粉，炒匀，倒入水淀粉勾芡，盛出炒好的食材，放在盘中摆好即可。

腊肠炒荷兰豆

烹饪时间2分30秒；口味咸

荷兰豆150克，腊肠50克，姜片、蒜片、葱段各少许

调料

盐少许，鸡粉、白糖各2克，水淀粉、食用油各适量

做法

❶ 将洗净的腊肠斜刀切片；洗好的荷兰豆切去头尾。

❷ 锅中注入适量清水烧开，倒入荷兰豆，焯煮一小会儿，至食材断生后捞出待用。

❸ 用油起锅，撒上姜片、蒜片、葱段，爆香；放入腊肠，炒匀炒香，倒入焯过水的食材，炒匀；转小火，加入少许盐、鸡粉、白糖，注入适量清水。

❹ 大火快炒，至食材熟透，再用水淀粉勾芡；关火后盛出，装在盘中，摆好盘即可。

小叮咛　腊肠含有蛋白质、B族维生素、维生素E、钙、磷、钾、镁、铁、锌等营养成分，具有开胃助食、增进食欲等功效。

烹饪时间2分钟；口味清淡

马蹄炒荷兰豆

原料 ○2人份

马蹄肉90克，荷兰豆75克，红椒15克，姜片、蒜末、葱段各少许

调料

盐3克，鸡粉2克，料酒4毫升，水淀粉、食用油各适量

做法

❶ 马蹄肉切成片；红椒去籽，切成小块。

❷ 锅中注入清水烧开，放入食用油、1克盐、荷兰豆，搅匀，煮半分钟；放入马蹄肉、红椒，搅匀，再煮半分钟，捞出。

❸ 用油起锅，放入姜片、蒜末、葱段，爆香；倒入焯好的食材，翻炒匀，淋入料酒，炒香；加入2克盐、鸡粉，炒匀调味。

❹ 倒入适量水淀粉快速翻炒均匀；将炒好的材料盛出，装入盘中即可。

烹饪时间2分钟；口味清淡

荷兰豆炒彩椒

原料 ○2人份

荷兰豆180克，彩椒80克，姜片、蒜末、葱段各少许

调料

料酒3毫升，蚝油5克，盐2克，鸡粉2克，水淀粉3毫升，食用油适量

做法

❶ 洗净的彩椒切成条。

❷ 锅中注入清水烧开，放入食用油、1克盐、荷兰豆，搅匀，煮半分钟；再放入彩椒，拌匀，煮约半分钟，捞出。

❸ 用油起锅，放入姜片、蒜末、葱段，爆香；倒入焯好的荷兰豆和彩椒，翻炒匀；淋入料酒；加入蚝油，拌炒均匀。

❹ 放入1克盐、鸡粉，炒匀调味；淋入水淀粉翻炒均匀；盛出炒好的菜，装入盘中即可。

烹饪时间2分钟；口味鲜

荷兰豆百合炒墨鱼

原料 ○5人份

墨鱼400克，百合90克，荷兰豆150克，姜片、葱段、蒜片各少许

调料

盐3克，鸡粉2克，白糖3克，料酒5毫升，水淀粉4毫升，芝麻油3毫升，食用油适量

做法

❶ 洗净的荷兰豆两头修整齐；处理好的墨鱼须切成段，身子片成片。

❷ 锅中注入适量清水大火烧开；加入少许食用油、1克盐，倒入荷兰豆、百合，焯煮至断生，捞出待用；再倒入墨鱼，搅匀，氽煮去杂质，捞出，沥干水分，待用。

❸ 热锅注油烧热，倒入姜片、葱段、蒜片，爆香；倒入墨鱼，淋入料酒，翻炒提鲜；倒入荷兰豆、百合，加入盐、白糖、鸡粉，翻炒调味。

❹ 淋入水淀粉、芝麻油，翻炒收汁；关火，将炒好的菜盛出装入盘中即可。

小叮咛 荷兰豆含有烟酸、胡萝卜素、维生素B_1、维生素B_2、钙、磷、铁等成分，具有益脾和胃、生津止渴等功效。

烹饪时间2分钟；口味清淡

茭白炒荷兰豆

原料 ○3人份

茭白120克，水发木耳45克，彩椒50克，荷兰豆80克，蒜末、姜片、葱段各少许

调料

盐3克，鸡粉2克，蚝油5克，水淀粉5毫升，食用油适量

做法

❶ 荷兰豆切成段；茭白切成片；彩椒切成小块；木耳切小块。

❷ 锅中注入清水烧开，放入1克盐、食用油、茭白、木耳，搅散，煮至五成熟；再倒入彩椒、荷兰豆，拌匀，煮半分钟至断生，捞出。

❸ 用油起锅，放入蒜末、姜片、葱段，爆香；倒入焯好的食材，炒匀；放入2克盐、鸡粉、蚝油，炒匀调味。

❹ 淋入水淀粉快速翻炒匀；关火后盛出炒好的食材，装入盘中即可。

烹饪时间2分钟；口味清淡

荷兰豆炒香菇

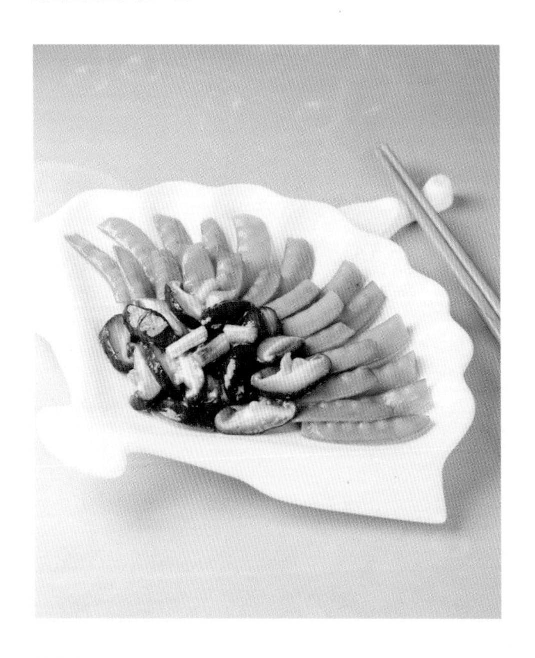

原料 ○3人份

荷兰豆120克，鲜香菇60克，葱段少许

调料

盐3克，鸡粉2克，料酒5毫升，蚝油5克，水淀粉4毫升，食用油适量

做法

❶ 洗净的荷兰豆切去头尾；洗好的香菇切粗丝。

❷ 锅中注入适量清水烧开，加入1克盐、食用油、1克鸡粉，倒入香菇丝，搅散，略煮片刻；再倒入荷兰豆，拌匀，煮1分钟至食材断生；捞出焯煮好的食材，沥干水分，备用。

❸ 用油起锅，倒入葱段，爆香；放入荷兰豆、香菇、料酒、蚝油，翻炒匀。

❹ 放入1克鸡粉、2克盐，炒匀调味；倒入水淀粉，炒匀，把炒好的食材盛入盘中即可。

魔芋鸡丝荷兰豆

烹饪时间2分钟；口味鲜

原料 ○3人份

魔芋手卷100克，荷兰豆120克，熟鸡脯肉80克，红椒20克，蒜末、葱花各少许

调料

白糖2克，生抽5毫升，陈醋4毫升，芝麻油5毫升，盐少许

做法

❶ 将魔芋手卷的绳子解开；熟鸡脯肉切丝，再手撕成细丝；洗净的红椒切成圈待用；处理好的荷兰豆切成丝待用。

❷ 锅中注入适量的清水，大火烧开；倒入魔芋手卷，搅拌片刻；将魔芋手卷捞出，沥干水分；再将荷兰豆倒入，搅匀焯煮至断生；将荷兰豆捞出，沥干水分。

❸ 取一个碗，放入魔芋手卷、荷兰豆、鸡脯肉；加入少许盐、白糖，淋入生抽、陈醋、芝麻油，搅拌匀。

❹ 将红椒圈摆在盘边一圈做装饰，盘中倒入拌好的食材，撒上备好的蒜末、葱花即可。

小叮咛 魔芋中含量最大的葡萄甘露聚糖具有强大的膨胀力，可填充胃肠，消除饥饿感，又因所含热量微乎其微，故可控制体重，从而起到减肥瘦身的作用。

烹饪时间2分钟；口味鲜

荷兰豆炒鸭胗

原料 ○3人份

荷兰豆170克，鸭胗120克，彩椒30克，姜片、葱段各少许

调料

盐3克，鸡粉2克，料酒4毫升，白糖4克，水淀粉、食用油各适量

做法

❶ 彩椒切成细丝；鸭胗去除油脂、筋膜，切成小块，加入1克盐、2毫升料酒、水淀粉，拌匀，腌渍入味。

❷ 锅中注清水烧开，加入食用油、彩椒、荷兰豆，焯水捞出；倒入鸭胗，氽去血水，捞出。

❸ 用油起锅，倒入姜片、葱段，爆香；放入鸭胗，淋入2毫升料酒，炒匀；倒入荷兰豆、彩椒，炒匀。

❹ 加入2克盐、鸡粉、白糖、水淀粉，翻炒至食材入味；盛出炒好的菜肴即可。

烹饪时间2分钟；口味甜

蒜香荷兰豆

原料 ○3人份

荷兰豆150克，胡萝卜40克，蒜末少许

调料

盐2克，鸡粉1克，白糖、水淀粉、食用油各适量

做法

❶ 将洗净去皮的胡萝卜切开，改切成片。

❷ 锅中注入适量清水烧开，加入适量食用油，倒入胡萝卜，加入1克盐，拌匀，煮至断生；放入洗净的荷兰豆，拌匀，略煮一会儿；捞出焯煮好的食材，沥干水分，待用。

❸ 用油起锅，放入蒜末，爆香；倒入焯煮好的食材，炒匀；加入1克盐、鸡粉、白糖。

❹ 倒入适量水淀粉，炒匀；关火后盛出炒好的菜肴即可。

烹饪时间2分钟；口味鲜

芥辣荷兰豆拌螺肉

原料 ○3人份

水发螺肉200克，荷兰豆250克

调料

芥末膏15克，生抽8毫升，芝麻油3毫升

做法

❶ 处理好的荷兰豆切成段；泡发好的螺肉切成小块。

❷ 锅中注入适量清水大火烧开；倒入荷兰豆，焯煮片刻至断生，捞出待用；将螺肉倒入，搅匀，汆煮片刻，捞出待用。

❸ 取一个盘，摆上荷兰豆、螺肉。

❹ 在芥末膏中倒入生抽、芝麻油，搅匀；将调好的酱汁浇在食材上即可。

小叮咛 荷兰豆含有胡萝卜素、蛋白质、维生素等成分，具有清热解毒、生津止渴、益脾和胃等功效。

烹饪时间2分30秒；口味鲜

藕片荷兰豆炒培根

原料 ○3人份

莲藕200克，荷兰豆120克，彩椒15克，培根50克

调料

盐3克，白糖、鸡粉各少许，料酒3毫升，水淀粉、食用油各适量

做法

1. 将去皮洗净的莲藕切薄片；将培根切小片；洗净的彩椒切条形，备用。
2. 锅中注入清水烧开，倒入培根片，略煮一会儿，去除多余盐分，捞出；沸水锅中再倒入藕片焯水；放入荷兰豆、1克盐、食用油、彩椒，拌匀，煮至材料断生，捞出。
3. 用油起锅，倒入培根、料酒，炒出香味；放入焯过水的材料，炒匀炒透。
4. 加入2克盐、白糖、鸡粉、水淀粉，炒至食材入味即可。

烹饪时间3分钟；口味鲜

蚝油口蘑荷兰豆

原料 ○3人份

荷兰豆120克，口蘑75克，白芝麻、蒜末各适量

调料

盐2克，鸡粉1克，蚝油15克，老抽2毫升，料酒5毫升，水淀粉、食用油各适量

做法

1. 将洗净的口蘑对半切开。
2. 锅中注入清水烧开，倒入口蘑、料酒，煮一会儿，去除异味，捞出；加入食用油、1克盐、荷兰豆，煮至变色；捞出，取盘子，摆上荷兰豆。
3. 用油起锅，倒入蒜末、清水、口蘑、1克盐、鸡粉、蚝油，拌匀调味。
4. 加入老抽，炒匀；倒入适量水淀粉，翻炒至食材入味；关火后盛出炒好的食材，放在焯过的荷兰豆上，撒上白芝麻即可。

豌豆

【热量】339千焦/100克

【归经】归脾、胃经

【性味】性平，味甘

营养在线

豌豆中的B族维生素可以促进糖类和脂肪的代谢，有助于改善肌肤状况。

食用建议

一般人群均可食用，尿路结石、皮肤病和慢性胰腺炎患者不宜食用；此外，糖尿病患者、消化不良者也要慎食。

相宜搭配

✔豌豆+玉米

蛋白质互补

✔豌豆+小麦

预防结肠癌

✔豌豆+大米

增强免疫力

✔豌豆+虾仁

提高营养价值

推荐食谱

烹饪时间2分钟；口味清淡

松仁豌豆炒玉米

原料 ○4人份

玉米粒180克，豌豆50克，胡萝卜200克，松仁40克，姜片、蒜末、葱段各少许

调料

盐、鸡粉、水淀粉、食用油各适量

做法

1. 胡萝卜切块，再切条，改切成丁。
2. 锅中注入清水烧开，放入盐、胡萝卜丁，煮半分钟；加入玉米粒、豌豆、食用油，拌匀，再煮至熟，捞出。
3. 热锅注油，放松仁，炸约1分钟，捞出。
4. 锅底留油，放入姜片、蒜末、葱段，爆香；倒入玉米粒、豌豆、胡萝卜、盐、鸡粉、水淀粉勾芡，装入盘中，撒上松仁即可。

烹饪时间35分钟；口味咸

豌豆蒸排骨

原料 ○5人份

排骨段350克，豌豆80克，蒸肉米粉50克，红椒丁10克，姜片5克，葱段5克

调料

盐3克，生抽10毫升，料酒10毫升

做法

❶ 将洗净的排骨段放入碗中，加入料酒、生抽、姜片，放入1克盐，倒入部分蒸肉米粉，拌匀，放入葱段，拌匀，腌渍一会儿，待用。

❷ 把洗好的豌豆装在另一小碗中，放入红椒丁，加入2克盐，放入余下的蒸肉米粉，拌匀，待用。

❸ 取一蒸碗，倒入排骨，码好；备好电蒸锅，烧开水后放入蒸碗，蒸约20分钟至食材熟软。

❹ 取出，稍微冷却后放入拌好的豌豆，做好造型，再把蒸碗放入烧开水的电蒸锅中，蒸约10分钟，取出即可。

小叮咛 豌豆中富含粗纤维，能促进大肠蠕动，保持大便通畅，起到清洁大肠的作用；豌豆含有止杈酸、赤霉素和植物凝集素等物质，有抗菌消炎、增强新陈代谢的功能。

烹饪时间1分30秒；口味清淡

豌豆炒玉米

原料 ○4人份

鲜玉米粒200克，胡萝卜70克，豌豆180克，姜片、蒜末、葱段各少许

调料

盐3克，鸡粉2克，料酒4毫升，水淀粉、食用油各适量

做法

1. 将洗净去皮的胡萝卜切片，再切成细条，改切成粒。
2. 锅中注入适量清水烧开，加入1克盐、食用油，放入胡萝卜粒，倒入洗净的豌豆、玉米粒，搅匀，煮至食材断生后捞出，沥干水分，待用。
3. 用油起锅，放入姜片、蒜末、葱段，爆香；倒入焯煮好的食材，翻炒匀；淋入料酒，炒香、炒透。
4. 加入鸡粉、2克盐，炒至食材入味；倒入水淀粉勾芡，盛出炒好的食材即可。

烹饪时间5分钟；口味甜

橘子豌豆炒玉米

原料 ○3人份

玉米粒70克，豌豆95克，橘子肉120克，葱段少许

调料

盐1克，鸡粉1克，水淀粉、食用油各适量

做法

1. 锅中注入适量清水烧开，加入食用油，倒入洗净的玉米粒，拌匀，煮1分钟至其断生。
2. 放入洗好的豌豆，拌匀，煮半分钟；倒入橘子肉，拌匀，煮半分钟；捞出焯煮好的食材，沥干水分，待用。
3. 锅中倒入适量食用油烧热，放入葱段，爆香；放入焯过水的食材，翻炒均匀；加入盐、鸡粉翻炒均匀，至食材入味。
4. 倒入少许水淀粉，翻炒均匀；关火后盛出炒好的食材，装入盘中即可。

松子豌豆炒干丁

烹饪时间2分钟；口味清淡

原料 ○5人份

香干300克，彩椒20克，松仁50克，豌豆120克，蒜末少许

调料

盐3克，鸡粉2克，料酒4毫升，生抽3毫升，水淀粉、食用油各少许

做法

❶ 洗净的香干切条，再切成小丁块；洗好的彩椒切成条，再切成小块。

❷ 锅中注入适量清水烧开，加入1克盐、食用油；倒入洗净的豌豆、香干、彩椒焯水，捞出待用。

❸ 热锅注油，烧至四成热，倒入松仁，搅匀，炸约1分钟，至其呈金黄色；捞出松仁，沥干油，备用。

❹ 锅底留油烧热，倒入蒜末，爆香；倒入焯过水的材料，炒匀；加入2克盐、鸡粉，淋入料酒、生抽，炒入味；倒入水淀粉炒匀，装入盘中，点缀上松仁即可。

小叮咛 豌豆含有蛋白质、纤维素、不饱和脂肪酸、大豆卵磷脂等营养成分，有保持血管弹性、健脑益智等功效。

烹饪时间2分钟；口味鲜

灵芝豌豆

原料 ○2人份

豌豆120克，彩椒丁15克，灵芝、姜片、葱白各少许

调料

盐2克，鸡粉2克，白糖2克，水淀粉10毫升，胡椒粉、食用油各适量

做法

1. 锅中注入适量清水烧开，倒入洗净的豌豆、灵芝，拌匀；加入1克盐，煮约半分钟；捞出煮好的材料，沥干水分，待用。
2. 取一个碗，加入1克盐、鸡粉、白糖、水淀粉、胡椒粉，制成味汁，备用。
3. 用油起锅，倒入姜片、葱白，爆香；放入彩椒丁，炒匀；放入焯过水的材料，炒匀。
4. 倒入味汁，炒匀；关火后盛出炒好的菜肴即可。

烹饪时间2分钟；口味鲜

胡萝卜豌豆炒鸭丁

原料 ○4人份

鸭肉300克，豌豆120克，胡萝卜60克，圆椒20克，彩椒20克，姜片、葱段、蒜末各少许

调料

盐3克，生抽4毫升，料酒8毫升，水淀粉6毫升，白糖3克，胡椒粉2克，鸡粉2克，食用油适量

做法

1. 胡萝卜、圆椒、彩椒、鸭肉切成丁。
2. 鸭肉丁放碗中，加入1克盐、生抽、4毫升料酒、3毫升水淀粉、食用油，腌渍入味；胡萝卜、豌豆、彩椒、圆椒焯水，捞出。
3. 用油起锅，倒入姜片、葱段，爆香；放入鸭肉、蒜末、4毫升料酒，炒匀提鲜；倒入焯过水的食材，快速翻炒均匀。
4. 加入2克盐、白糖、鸡粉、胡椒粉、3毫升水淀粉，炒至食材入味，盛出装盘即可。

烹饪时间2分钟；口味鲜

豌豆玉米炒虾仁

原料 ○3人份

豌豆120克，玉米粒80克，虾仁100克，姜片、蒜末、葱段各少许

调料

盐3克，鸡粉2克，料酒10毫升，水淀粉、食用油各适量

做法

1. 洗好的虾仁切成小块，加入少许1克盐、1克鸡粉、料酒，拌匀，倒入少许水淀粉，拌匀上浆，腌渍。
2. 锅中注入适量清水烧开，加入1克盐、食用油，放入豌豆，用大火略煮，倒入玉米粒，拌匀，焯煮至断生；捞出材料，沥干水分，待用。
3. 用油起锅，倒入姜片、蒜末、葱段，爆香；倒入虾仁，快速翻炒至虾身弯曲，呈淡红色；放入焯煮过的材料，炒匀炒香。
4. 转小火，加入1克盐、1克鸡粉，炒匀调味；用水淀粉勾芡；关火后盛出炒好的菜肴，装入盘中即可。

小叮咛 虾仁含有蛋白质、维生素A、牛磺酸、钾、钙、碘、镁、磷等营养成分，具有化瘀解毒、补肾壮阳、通络止痛、开胃化痰等功效。

烹饪时间2分钟；口味清淡

豌豆炒口蘑

原料 ○3人份

口蘑65克，胡萝卜65克，豌豆120克，彩椒25克

调料

盐、鸡粉各2克，水淀粉、食用油各适量

做法

❶ 洗净去皮的胡萝卜切片，再切条形，改切成小丁块；洗好的口蘑切成薄片；洗净的彩椒切条形，再切成小丁块，备用。

❷ 锅中注入适量清水烧开，倒入口蘑、豌豆，放入胡萝卜；用中火煮约2分钟，倒入彩椒，煮至断生；捞出焯煮好的材料，沥干水分，待用。

❸ 用油起锅，倒入焯过水的材料，炒匀；加入盐、鸡粉，淋入少许水淀粉快速翻炒均匀。

❹ 关火后盛出炒好的菜肴即可。

烹饪时间3分钟；口味鲜

豌豆炒牛肉粒

原料 ○5人份

牛肉260克，彩椒20克，豌豆300克，姜片少许

调料

盐、鸡粉、食粉、料酒、水淀粉、食用油各适量

做法

❶ 彩椒切成丁；牛肉切成粒，加入盐、料酒、食粉、水淀粉、食用油，拌匀。

❷ 锅中注入清水烧开，倒入豌豆、盐、食用油，拌匀，煮1分钟；倒入彩椒，拌匀，煮至断生，捞出。

❸ 热锅注油，烧至四成热；倒入牛肉，拌匀；捞出牛肉，沥干油。

❹ 用油起锅，放入姜片，爆香，倒入牛肉、料酒，炒香；倒入焯过水的食材，炒匀；加入盐、鸡粉、料酒、水淀粉，翻炒均匀即可。

香菇豌豆炒笋丁

烹饪时间2分钟；口味鲜

原料 ○4人份

水发香菇65克，竹笋85克，胡萝卜70克，彩椒15克，豌豆50克

调料

盐2克，鸡粉2克，料酒、食用油各适量

做法

❶ 将洗净的竹笋切成丁；洗好去皮的胡萝卜切成丁；洗净的彩椒、香菇切成小块。

❷ 锅中注入适量清水烧开，放入竹笋，加入料酒，煮1分钟；放入香菇、豌豆，倒入胡萝卜，拌匀，煮1分钟。

❸ 加入少许食用油，拌匀；放入彩椒，拌匀；捞出焯煮好的食材，沥干水分，待用。

❹ 用油起锅，倒入焯过水的食材，炒匀；加入盐、鸡粉，炒匀调味；关火后盛出炒好的食材即可。

小叮咛 竹笋含有蛋白质、胡萝卜素、纤维素、维生素、钙、磷、铁等营养成分，具有清热、化痰、健胃、瘦身、排毒等功效。

烹饪时间33分钟；口味清淡

豌豆拌土豆泥

原料 ○2人份

豌豆85克，土豆140克

调料

盐、白糖、鸡粉、胡椒粉、芝麻油各适量

做法

❶ 土豆切成小块，装入蒸盘；豌豆放入碗中，加入白糖、盐、清水，拌匀。

❷ 蒸锅上火烧开，放入土豆，用中火蒸约20分钟至其熟软；放入豌豆，再蒸约10分钟至食材熟透，取出，放凉待用。

❸ 将放凉的土豆压碎，碾成泥状，放入碗中，倒入豌豆搅拌匀。

❹ 加入适量盐、白糖、鸡粉、胡椒粉、芝麻油，搅拌均匀至食材入味；将拌好的菜肴装入盘中即可。

烹饪时间1分30秒；口味清淡

雪梨豌豆炒百合

原料 ○4人份

豌豆170克，鲜百合120克，南瓜肉70克，雪梨60克，彩椒少许

调料

盐、鸡粉各2克，白糖3克，水淀粉、食用油各适量

做法

❶ 雪梨切去核，去皮，把果肉切成丁；南瓜去瓤，切成丁；彩椒切成小块。

❷ 锅中注入清水烧开，倒入豌豆，略煮一会儿；放入百合、雪梨，拌匀，略煮一会儿；倒入彩椒，拌匀，煮至食材断生后捞出，沥干水分。

❸ 用油起锅，放入南瓜丁，炒匀；倒入焯过水的材料，炒匀；加入盐、白糖、鸡粉，淋入适量水淀粉。

❹ 用中火炒匀，至食材入味；关火后盛出炒好的菜肴，装入盘中即可。

烹饪时间3分钟；口味清淡

黄油豌豆炒胡萝卜

原料 ○2人份

胡萝卜150克，黄油8克，熟豌豆50克，鸡汤50毫升

调料

盐3克

做法

❶ 洗净去皮的胡萝卜切片，再切丝，备用。
❷ 锅置火上，倒入黄油，加热至其熔化；放入胡萝卜，炒匀。
❸ 倒入鸡汤，加入盐，炒匀；放入熟豌豆，炒匀。
❹ 关火后盛出锅中的菜肴，装入盘中即可。

小叮咛 胡萝卜含有蛋白质、胡萝卜素、叶酸、B族维生素、维生素C、钙、铁等营养成分，具有增强免疫力、益肝明目、降血糖等功效。

扁豆

【热量】155千焦/100克

营养在线

扁豆含磷、钙、糖类、维生素B_1、维生素B_2和烟酸等成分，对体倦乏力、暑湿为患、脾胃不和等症状有一定的食疗效果；扁豆富含膳食纤维，因而是便秘患者的理想食品。

食用建议

特别适宜脾虚便溏、饮食减少、慢性久泻，以及妇女脾虚带下、小儿疳积（单纯性消化不良）者食用；同时适宜夏季感冒挟湿、急性胃肠炎、消化不良、暑热头痛头昏、恶心、烦躁、口渴欲饮、心腹疼痛、饮食不香之人服食；尤其适宜癌症病人服食；但是患寒热病者、患疟者不可食。

相宜搭配

✔扁豆+香菇
促进消化

✔扁豆+辣椒
健脾止泻

✔扁豆+山药
补脾益肾

✔扁豆+蒜
降低血脂

扁豆+西红柿
清热解毒

✔扁豆+鸡肉
益气补血

【性味】
性温，味甘

【归经】
入脾、胃经

实用备忘录

新鲜扁豆用开水烫一下，等完全冷却后，用保鲜袋装好放入冰箱，想什么时候吃就什么时候吃；还可以烧一大锅水，放盐，放扁豆进去烫一下，太阳好晒一个星期就可以了，然后用袋子装好密封保存。

烹饪时间38分钟；口味辣

湘味扁豆

原料 ○2人份

扁豆200克，红椒50克，蒜末2克

调料

盐2克，鸡粉2克

做法

❶ 将洗净的红椒切圈。

❷ 备好电饭锅，打开盖，倒入红椒圈，放入洗净的扁豆，撒上蒜末，注入适量清水，搅匀。

❸ 盖上盖，按功能键，调至“蒸煮”图标，煮约30分钟，至食材熟透；按下“取消”键，揭盖，加入盐、鸡粉，搅匀。

❹ 再盖上盖，按功能键，调至“蒸煮”图标，续煮约5分钟，至汤汁入味；按下“取消”键，断电后揭盖，盛出煮好的菜肴即可。

小叮咛 扁豆的营养成分较多，含有血球凝集素、豆固醇、磷脂、蔗糖、棉子糖、水苏糖、葡萄糖、半乳糖、果糖、淀粉、维生素B_1、维生素C、胡萝卜素等，具有健脾益胃、除湿热、止消渴等功效。

烹饪时间2分钟；口味辣

蒜香扁豆

原料 ○2人份

扁豆130克，红椒10克，蒜末、葱末各少许

调料

盐3克，水淀粉、鸡粉、食用油各适量

做法

❶ 将洗好的红椒切条；择好洗净的扁豆切成小段。

❷ 锅中注入适量清水，用大火将水烧开，放入1克盐、食用油；倒入扁豆，搅拌匀，再煮1分钟，至扁豆断生；捞出焯煮好的扁豆，沥干水分，待用。

❸ 另起锅，注入适量食用油烧热，倒入蒜末、葱末、红椒，炒香；将扁豆倒入锅中，拌炒片刻；加入鸡粉、2克盐，炒匀，至锅中食材入味。

❹ 倒入少许水淀粉快速拌炒均匀；起锅，将炒好的菜盛入盘中即可。

烹饪时间1分30秒；口味辣

扁豆鸡丝

原料 ○3人份

扁豆100克，鸡胸肉180克，红椒20克，姜片、蒜末、葱段各少许

调料

料酒、盐、鸡粉、水淀粉、食用油各适量

做法

❶ 把择洗干净的扁豆切成丝；洗好的红椒对半切开，去籽，切成丝；洗净的鸡胸肉切块，切成片，再切成丝。

❷ 把鸡肉丝装入碗中，放入盐、鸡粉、水淀粉、食用油，拌匀，腌渍入味。

❸ 锅中注入清水烧开，放入食用油、盐、扁豆丝、红椒丝，搅拌片刻，煮半分钟至其断生，捞出。

❹ 用油起锅，倒入姜片、蒜末、葱段，爆香；倒入鸡肉丝、料酒，翻炒至变色；倒入扁豆和红椒，炒匀；放入盐、鸡粉、水淀粉炒匀即可。

鱼香扁豆丝

烹饪时间2分30秒；口味清淡

原料 ○3人份

扁豆200克，彩椒35克，姜片、蒜片、葱段各少许

调料

豆瓣酱5克，白糖3克，陈醋10毫升，辣椒油5毫升，食用油适量

做法

❶ 洗净的彩椒切细丝；洗好的扁豆切粗丝，备用。
❷ 用油起锅，倒入姜片、蒜片、葱段，炒匀；放入豆瓣酱，炒出香味。
❸ 倒入扁豆，炒至变软；放入彩椒，炒匀；加入白糖、陈醋，炒匀。
❹ 淋入辣椒油，炒匀；关火后盛出炒好的菜肴即可。

小叮咛 扁豆含有蛋白质、食物纤维、B族维生素、钙、磷、铁等营养成分，具有健脾和中、消暑化湿等功效。

蒜香扁豆丝

烹饪时间2分钟；口味辣

原料 ○2人份

扁豆150克，大蒜15克，红椒20克

调料

料酒4毫升，盐2克，鸡粉2克，水淀粉3毫升，食用油适量

做法

❶ 将择洗干净的扁豆切成丝；洗好的红椒去籽，切成丝；去皮后洗净的大蒜切成片。

❷ 锅中注入适量食用油烧热，放入蒜片，用大火爆香；倒入红椒、扁豆，翻炒均匀；淋入料酒，炒出香味。

❸ 注入少许清水，翻炒几下，加入盐以及鸡粉，炒匀调味；再淋入水淀粉翻炒均匀。

❹ 把炒好的菜盛出，装入盘中即可。

西红柿炒扁豆

烹饪时间2分钟；口味清淡

原料 ○2人份

西红柿90克，扁豆100克，蒜末、葱段各少许

调料

盐、鸡粉各2克，料酒4毫升，水淀粉、食用油各适量

做法

❶ 西红柿切成小块；锅中注入清水烧开，放入食用油、1克盐、扁豆，搅匀，煮约1分钟至食材断生后捞出，沥干水分。

❷ 用油起锅，放入蒜末、葱段，爆香；倒入西红柿，翻炒至其析出汁水；放入焯煮好的扁豆，翻炒匀。

❸ 淋入料酒，炒匀提鲜；注入少许清水，翻动食材；转小火，加入1克盐、鸡粉，炒匀调味。

❹ 倒入适量水淀粉，炒匀；关火后盛出炒好的菜肴，装在盘中即可。

烹饪时间3分钟；口味清淡

冬菇拌扁豆

原料 ○3人份

鲜香菇60克，扁豆100克

调料

盐、鸡粉、芝麻油、白醋、食用油各适量

做法

1. 锅中注入适量清水烧开，加入少许盐，倒入适量食用油，放入洗净的扁豆，搅匀，煮半分钟；把焯煮好的扁豆捞出，沥干水分，凉凉，备用。
2. 将洗净的香菇倒入沸水锅中，搅匀，煮半分钟；捞出焯煮好的香菇，沥干水分，凉凉，待用。
3. 把放凉的香菇、扁豆切长条；把香菇装入碗中，加入适量盐、鸡粉，倒入适量芝麻油，拌匀。
4. 将扁豆装入碗中，加入适量盐、鸡粉，淋入适量白醋、芝麻油，拌匀；将拌好的扁豆装入盘中，再放上香菇即可。

小叮咛 番茄含有蛋白质、纤维素、胡萝卜素、维生素B_1、维生素B_2、维生素C和矿物质等营养成分，有调和脏腑、安养精神、益气健脾、消暑化湿和利水消肿的功效。

黄豆

【热量】1503千焦/100克

【归经】归脾、大肠经

【性味】性平，味甘

营养在线

黄豆具有健脾、益气、润燥、补血、降低胆固醇、利水、抗癌之功效。黄豆中含有抑胰酶，对糖尿病患者有益。黄豆中的各种矿物质对缺铁性贫血有益，而且能促进酶的催化、激素分泌和新陈代谢。

食用建议

适合于动脉硬化等病患者。不宜胃脘胀痛者食用。

相宜搭配

✔黄豆+花生

丰胸补乳

✔黄豆+茄子

润燥消肿

✔黄豆+红枣

补血、降血脂

✔黄豆+茼蒿

缓解更年期综合征

推荐食谱

烹饪时间122分钟；口味清淡

冬瓜黄豆山药排骨汤

原料 ○5人份

冬瓜250克，排骨块300克，水发黄豆100克，水发白扁豆100克，党参30克，山药20克，姜片少许

调料

盐2克

做法

1. 洗净的冬瓜切块。
2. 锅中注入适量清水烧开，倒入排骨块，汆煮片刻；关火后捞出汆煮好的排骨块，沥干水分，装入盘中待用。
3. 砂锅中注入清水，倒入排骨块、冬瓜、黄豆、白扁豆、姜片、山药、党参，拌匀；加盖，煮至有效成分析出。
4. 揭盖，加入盐搅拌至入味，盛出煮好的汤，装入碗中即可。

烹饪时间92分钟；口味鲜

双瓜黄豆汤

原料 ○4人份

苦瓜100克，冬瓜125克，水发黄豆90克，排骨块150克，姜片少许

调料

盐2克

做法

1. 洗净的冬瓜切块；洗好的苦瓜切段，去除内瓤，待用。
2. 砂锅中注入适量清水烧开，倒入苦瓜、冬瓜、排骨块、黄豆、姜片，拌匀。
3. 加盖，大火煮开后转小火煮90分钟至食材熟透；揭盖，加入盐稍稍搅拌至入味。
4. 关火后盛出煮好的汤，装入碗中即可。

小叮咛 冬瓜含有糖类、胡萝卜素、粗纤维、多种维生素和矿物质等成分，具有清热解毒、利水消痰、除烦止渴等功效。

烹饪时间37分钟；口味鲜

黄豆焖鸡翅

原料 ○4人份

水发黄豆200克，鸡翅220克，姜片、蒜末、葱段各少许

调料

盐、鸡粉、生抽、料酒、水淀粉、老抽、食用油各适量

做法

❶ 将洗净的鸡翅斩成块；把鸡翅装入碗中，放入盐、鸡粉、生抽、料酒、水淀粉，抓匀，腌渍15分钟至入味。

❷ 用油起锅，放入姜片、蒜末、葱段，爆香；倒入鸡翅，炒匀，淋入料酒，炒香；加入盐、鸡粉，炒匀调味。

❸ 倒入适量清水，放入黄豆，拌炒匀；放入适量老抽，炒匀上色；盖上盖，用小火焖20分钟至食材熟透。

❹ 揭盖，用大火收汁，倒入水淀粉勾芡；将锅中的材料盛出，装碗即可。

烹饪时间56分钟；口味鲜

苦瓜黄豆排骨汤

原料 ○4人份

苦瓜200克，排骨300克，水发黄豆120克，姜片5克

调料

盐2克，鸡粉2克，料酒20毫升

做法

❶ 洗好的苦瓜对半切开，去籽，切成段；锅中倒入适量清水烧开，倒入洗净的排骨，淋入10毫升料酒，煮至沸，搅匀，汆去血水，捞出待用。

❷ 砂锅中注入清水，放入黄豆，煮至沸腾，倒入排骨，放入姜片，淋入10毫升料酒，搅匀提鲜，用小火煮40分钟，至排骨酥软。

❸ 揭开盖，放入苦瓜；再盖上盖，用小火煮15分钟。

❹ 揭盖，加入盐、鸡粉，拌匀，煮至全部食材入味；盛出煮好的汤即可。

丝瓜焖黄豆

烹饪时间22分钟；口味清淡

原料 ○3人份

丝瓜180克，水发黄豆100克，姜片、蒜末、葱段各少许

调料

生抽4毫升，鸡粉2克，豆瓣酱7克，水淀粉2毫升，盐、食用油各适量

做法

❶ 洗净去皮的丝瓜对半切开，切长条，斜切成小块。

❷ 锅中注入适量清水烧开，加入少许盐；倒入泡好的黄豆，搅匀，煮至沸腾；把焯好的黄豆捞出，备用。

❸ 用油起锅，放入姜片、蒜末，爆香；倒入焯好的黄豆，炒匀；注入适量清水，放入生抽、盐、鸡粉，烧开后用小火焖15分钟，至黄豆熟软；揭开锅盖，倒入丝瓜，炒匀，焖5分钟至全部食材熟透。

❹ 揭开盖，放入葱段，加入豆瓣酱，炒匀，焖煮片刻；用大火收汁，倒入水淀粉，将锅中食材快速搅拌均匀，装入盘中即可。

小叮咛 黄豆含有矿物质、膳食纤维、卵磷脂、维生素、大豆蛋白质、豆固醇，能明显改善和降低血脂和胆固醇，有助于防止血糖升高，糖尿病患者可适量食用。

烹饪时间2分钟；口味清淡

茄汁黄豆

原料 ○3人份

水发黄豆150克，西红柿95克，香菜12克，蒜末少许

调料

盐3克，生抽3毫升，番茄酱12克，白糖4克，食用油适量

做法

❶ 洗净的西红柿切瓣，再切成丁；洗好的香菜切末。

❷ 锅中注入适量清水烧开，倒入黄豆，加入1克盐，煮1分钟；把黄豆捞出，沥干水分，待用。

❸ 用油起锅，倒入蒜末，爆香；倒入西红柿，翻炒片刻；倒入焯过水的黄豆，炒匀。

❹ 加入少许清水，放2克盐、生抽、番茄酱、白糖，炒匀调味；盛出炒好的食材，装入盘中，撒上香菜末即可。

烹饪时间32分钟；口味清淡

五香黄豆香菜

原料 ○3人份

水发黄豆200克，香菜30克，姜片、葱段、香叶、干辣椒、花椒各少许

调料

盐2克，白糖5克，芝麻油、食用油各适量

做法

❶ 将洗净的香菜切段。

❷ 用油起锅，倒入干辣椒、花椒，爆香；撒上姜片、葱段炒匀；放入香叶，炒出香味；加入白糖、1克盐，炒匀，至糖分熔化。

❸ 注入适量清水，倒入洗净的黄豆，搅匀；盖上盖，大火烧开后转小火卤约30分钟，至食材熟透；关火后揭盖，盛出材料，滤在碗中，拣出香料。

❹ 再撒上香菜，加入1克盐、芝麻油快速搅拌入味；将拌好的菜肴盛入盘中，摆好盘即可。

烹饪时间2分钟；口味清淡

茭白烧黄豆

原料 ○3人份

茭白180克，彩椒45克，水发黄豆200克，蒜末、葱花各少许

调料

盐3克，鸡粉3克，蚝油10克，水淀粉4毫升，芝麻油2毫升，食用油适量

做法

1. 洗净去皮的茭白、彩椒切成丁。
2. 锅中注清水烧开，放入1克盐、1克鸡粉、食用油，放入茭白、彩椒、黄豆，搅拌匀，煮1分钟至五成熟；捞出，沥干水分，待用。
3. 锅中倒入适量食用油烧热，放入蒜末，爆香；倒入焯过水的食材，翻炒匀；放入蚝油、2克鸡粉、2克盐，炒匀调味。
4. 加入适量清水，用大火收汁；淋入水淀粉勾芡；放入芝麻油，拌炒匀；加入葱花，翻炒均匀；关火后盛出炒好的食材，装入盘中即可。

小叮咛 黄豆含有蛋白质、维生素、异黄酮、铁、镁、锰、铜、锌、硒等营养成分，能降低胆固醇含量，有助于稳定血压，对高血压有食疗作用。

烹饪时间24分30秒；口味鲜

酱烧排骨海带黄豆

原料 ○4人份

排骨段350克，水发海带80克，水发黄豆65克，草果、八角、桂皮、香叶、姜片、葱段各少许

调料

料酒5毫升，老抽2毫升，生抽4毫升，盐2克，鸡粉2克，胡椒粉、水淀粉、食用油各少许

做法

❶ 洗好的海带划开，用斜刀切块。
❷ 锅中注入适量清水烧开，倒入洗净的排骨段，汆去血水，捞出。
❸ 用油起锅，倒入姜片、葱段，爆香；倒入排骨、香叶、草果、桂皮、八角、料酒、老抽、生抽、黄豆、清水，炒匀。
❹ 加入海带，炒匀，煮沸；盖上锅盖，焖至食材熟透，放入葱段、盐、鸡粉、胡椒粉、水淀粉，炒匀，拣出桂皮、姜片后即可食用。

烹饪时间21分钟；口味鲜

酱黄豆

原料 ○3人份

水发黄豆300克，八角少许

调料

盐2克，生抽30毫升，老抽5毫升，白糖3克

做法

❶ 锅中注入适量清水大火烧热。
❷ 倒入泡发好的黄豆、八角，加入生抽、老抽、盐、白糖，搅匀。
❸ 盖上锅盖，大火煮开转小火焖20分钟。
❹ 掀开锅盖，大火收汁；关火，将煮好的黄豆盛出装入碗中即可。

黄豆焖猪蹄

烹饪时间63分钟；口味鲜

原料 ○3人份

猪蹄块400克，水发黄豆230克，八角、桂皮、香叶、姜片各少许

调料

盐、鸡粉各2克，生抽6毫升，老抽3毫升，料酒、水淀粉、食用油各适量

做法

❶ 锅中注入适量清水烧开，倒入洗净的猪蹄块，拌匀；加入少许料酒，拌匀，汆去血水；捞出猪蹄，沥干水分，待用。

❷ 用油起锅，放入姜片，爆香；倒入猪蹄，炒匀，加入老抽，炒匀上色；放入八角、桂皮、香叶，炒出香味。

❸ 注入适量清水，至没过食材，搅拌匀；盖上盖，用中火焖约20分钟；揭开盖，倒入洗净的黄豆，加入盐、鸡粉，淋入生抽，拌匀；再盖上盖，用小火煮约40分钟至食材熟透。

❹ 揭开盖，拣出桂皮、八角、香叶、姜片；倒入适量水淀粉，用大火收汁；关火后盛出焖煮好的菜肴，装入盘中即可。

小叮咛 黄豆含有蛋白质、维生素、大豆异黄酮、钙、磷、镁、钾、铜、铁等营养成分，具有增强免疫力、祛风明目、清热利水、活血解毒等功效。

黄豆焖茄丁

烹饪时间22分钟；口味清淡

原料 ○3人份

茄子70克，水发黄豆100克，胡萝卜30克，圆椒15克

调料

盐2克，料酒4毫升，鸡粉2克，胡椒粉3克，芝麻油3毫升，食用油适量

做法

❶ 洗好去皮的胡萝卜切成丁；洗净的圆椒、茄子切成丁，备用。

❷ 用油起锅，倒入胡萝卜、茄子，炒匀；注入适量清水，倒入洗净的黄豆，拌匀，加入盐、料酒。

❸ 盖上盖，烧开后用小火煮约15分钟；揭盖，倒入圆椒，拌匀；再盖上盖，用中火焖约5分钟至食材熟透。

❹ 揭盖，加入鸡粉、胡椒粉、芝麻油，转大火收汁；关火后盛出焖煮好的菜肴即可。

黄豆花生焖猪皮

烹饪时间34分钟；口味鲜

原料 ○3人份

水发黄豆120克，水发花生米90克，猪皮150克，姜片、葱段各少许

调料

料酒4毫升，老抽2毫升，盐2克，鸡粉2克，水淀粉7毫升，食用油适量

做法

❶ 处理好的猪皮用斜刀切块，汆水。

❷ 用油起锅，放入姜片、葱段，爆香；放入猪皮，炒匀；淋入料酒，炒匀；加入老抽，炒匀上色。

❸ 注入适量清水，放入洗好的黄豆、花生，拌匀；加入盐，拌匀，烧开后用小火焖约30分钟至食材熟透。

❹ 揭盖，撇去浮沫，转大火收汁；加入鸡粉，拌匀调味，用水淀粉勾芡；关火后盛出焖煮好的菜肴即可。

烹饪时间22分钟；口味鲜

香菜拌黄豆

原料 ○3人份

水发黄豆200克，香菜20克，姜片、花椒各少许

调料

盐2克，芝麻油5毫升

做法

❶ 锅中注入适量清水用大火烧开，倒入备好的黄豆、姜片、花椒，加入1克盐。

❷ 盖上盖，煮开后转小火煮20分钟至食材入味。

❸ 掀开盖，将食材捞出装入碗中，拣去姜片、花椒；将香菜加入黄豆中，加入1克盐、芝麻油搅拌入味。

❹ 将拌好的食材装入盘中即可。

小叮咛 香菜含有维生素C、胡萝卜素、B族维生素、矿物质等成分，具有促进食欲、健胃消食等功效。

烹饪时间31分钟；口味清淡

黄豆薏米木耳汤

原料 ○3人份

水发木耳50克，白果70克，水发黄豆65克，薏米45克，姜片适量

调料

盐2克

做法

1. 砂锅中注入适量清水烧热，倒入备好的薏米、白果、黄豆、木耳，撒上姜片。
2. 盖上锅盖，烧开后用小火煮约30分钟至食材熟透。
3. 揭开锅盖，加入盐，搅匀调味。
4. 关火后盛出煮好的汤，装入碗中即可。

烹饪时间21分钟；口味清淡

香菇白菜黄豆汤

原料 ○3人份

水发香菇60克，白菜50克，水发黄豆70克，白果40克

调料

盐2克，鸡粉2克，胡椒粉适量

做法

1. 洗好的白菜切成段，备用。
2. 锅中注入适量清水烧开，倒入备好的白果、黄豆，再放入洗好的香菇，搅拌均匀。
3. 盖上锅盖，烧开后用小火煮约20分钟至食材熟软。
4. 揭开锅盖，倒入白菜，搅匀，煮至断生；加入盐、鸡粉、胡椒粉，搅匀调味；关火后将煮好的汤盛出，装入碗中即可。

烹饪时间2分钟；口味鲜

韭菜黄豆炒牛肉

原料 ○4人份

韭菜150克，水发黄豆100克，牛肉300克，干辣椒少许

调料

盐3克，鸡粉2克，水淀粉4毫升，料酒8毫升，生抽5毫升，食用油适量

做法

1. 锅中注入适量清水烧开，倒入洗好的黄豆，略煮一会儿，至其断生；捞出黄豆，沥干水分。
2. 洗好的韭菜切成均匀的段；洗净的牛肉切成丝，放入1克盐、水淀粉、4毫升料酒，搅拌均匀，腌渍入味，备用。
3. 热锅注油，倒入牛肉丝、干辣椒，翻炒至变色；淋入4毫升料酒，放入黄豆、韭菜，加入2克盐、鸡粉，淋入生抽快速翻炒均匀，至食材入味。
4. 关火后将炒好的菜肴盛入盘中即可。

小叮咛 韭菜含有维生素B_1、烟酸、维生素C、胡萝卜素、硫化物及多种矿物质，具有补肾温阳、开胃消食、理气行血等功效。

蚕豆

【热量】1402千焦/100克

营养在线

蚕豆性平味甘，具有健脾益气、祛湿、抗癌等功效。对于脾胃气虚、胃呆少纳、不思饮食、大便溏薄、慢性肾炎、肾病水肿、食管癌、胃癌、宫颈癌等病症有一定辅助疗效。

食用建议

适合于老人、考试期间学生、脑力工作者、高胆固醇者、便秘者食用；不适于患有痔疮出血、消化不良、慢性结肠炎、尿毒症等病人及患有蚕豆病的儿童。

相宜搭配

✔蚕豆+白菜

利尿、清肺

✔蚕豆+核桃

益智健脑

✔蚕豆+枸杞

清肝祛火

✔蚕豆+猪肉

开胃消食

✔蚕豆+虾

降低血压

✔蚕豆+香菜

开胃消食

实用备忘录

将新鲜蚕豆去掉外面硬壳，清洗干净，放冰箱冷冻保存，随吃随取；另外，就是半熟冷藏法，将新蚕豆清洗干净，放入开水中煮至八分熟即可，捞出，加入食盐，放盆里晾干，再放冰箱冷冻。

【性味】

性平，味甘

【归经】

归脾、胃经

烹饪时间31分钟；口味鲜

香浓蚕豆蒸排骨

原料 ○3人份

排骨200克，蚕豆85克，姜蓉5克

调料

盐2克，生抽5毫升，干淀粉10克，料酒5毫升，老抽3毫升

做法

❶ 取一个大容器，倒入处理好的排骨，放入料酒、姜蓉、生抽、老抽、盐，搅拌匀。

❷ 倒入备好的干淀粉，搅拌匀，腌渍15分钟；再倒入蚕豆，搅拌片刻；将拌好的排骨倒入蒸盘中，待用。

❸ 电蒸锅注清水烧开，放入排骨；盖上锅盖，调转旋钮定时15分钟。

❹ 待时间到，掀开盖，将排骨取出即可。

小叮咛 蚕豆具有开胃消食、增强免疫力等功效，而排骨富含蛋白质、脂肪、铁、锌等营养成分，能为人体提供优质蛋白质和必需的脂肪酸，补充人体所需的营养，还有强健筋骨的作用。

烹饪时间1分30秒；口味鲜

百合虾米炒蚕豆

原料 ○3人份

蚕豆100克，鲜百合50克，虾米20克

调料

盐3克，鸡粉2克，水淀粉、食用油各适量

做法

❶ 锅中注入适量清水烧开，加入1克盐、食用油，倒入洗好的蚕豆，搅匀，煮至食材断生后捞出，沥干水分，待用。

❷ 用油起锅，放入洗净的虾米，用大火炒香；倒入百合，翻炒一会儿，至其变软；加入2克盐、鸡粉，炒匀调味。

❸ 倒入焯过水的蚕豆，快速翻炒几下，至全部食材熟透；倒入适量水淀粉勾芡；盛出炒好的菜肴即可。

烹饪时间33分钟；口味清淡

枸杞烧蚕豆

原料 ○3人份

蚕豆400克，枸杞20克，姜片5克，葱白5克，八角1个

调料

盐、鸡粉各1克，食用油适量

做法

❶ 热锅注油，倒入姜片、葱白、八角，稍稍爆香。

❷ 注入适量清水，倒入洗净的蚕豆，放入枸杞。

❸ 加盖，用大火煮开后转小火续煮30分钟至食材熟软。

❹ 揭盖，加入盐、鸡粉，拌匀，稍煮片刻至入味收汁；关火后盛出菜肴，装盘即可。

茴香蚕豆

烹饪时间32分钟；口味清淡

原料 ○3人份

鲜蚕豆300克，桂皮、花椒、小茴香各少许

调料

盐3克，鸡粉2克，生抽4毫升

做法

❶ 砂锅中注入适量清水烧开，倒入备好的桂皮、花椒、小茴香，盖上盖，烧开后用小火煲煮约15分钟。
❷ 揭盖，倒入洗净的蚕豆；加入盐、鸡粉，淋入生抽，拌匀调味。
❸ 再盖上盖，烧开后用小火续煮约15分钟至食材熟透。
❹ 揭开盖，捞出煮好的蚕豆，沥干水分，夹出桂皮，把蚕豆装入碗中，摆好即可。

小叮咛 蚕豆含有蛋白质、维生素A、B族维生素、维生素C、钙、铁、磷等营养成分，有补中益气、健脾祛湿等作用。

烹饪时间42分钟；口味鲜

蚕豆瘦肉汤

原料 ○3人份

水发蚕豆220克，猪瘦肉120克，姜片、葱花各少许

调料

盐、鸡粉各2克，料酒6毫升

做法

❶ 将洗净的瘦肉切条形，再切丁。

❷ 锅中注入适量清水烧开，倒入瘦肉丁，淋入3毫升料酒，拌匀，用大火煮约1分钟，汆去血水；捞出瘦肉，沥干水分，待用。

❸ 砂锅中注入适量清水烧开，倒入瘦肉丁；撒上姜片，倒入洗净的蚕豆，淋入3毫升料酒；盖上盖，烧开后用小火煮约40分钟，至食材熟透。

❹ 揭盖，加入盐、鸡粉，拌匀，用中火煮至入味，关火后盛出煮好的汤，装入碗中，撒上葱花即可。

烹饪时间31分钟；口味淡

水煮蚕豆

原料 ○2人份

水发蚕豆200克

调料

食用油、盐各少许

做法

❶ 锅中注入适量的清水大火烧热。

❷ 放入少许食用油、盐，搅匀至沸。

❸ 将泡发好的蚕豆倒入，搅拌片刻。

❹ 盖上锅盖，用小火慢慢熬煮30分钟至熟软，搅拌匀，盛出装入碗中即可。

烹饪时间32分钟；口味辣

枸杞拌蚕豆

原料 ○3人份

蚕豆400克，枸杞20克，香菜10克，蒜末10克

调料

盐1克，生抽、陈醋各5毫升，辣椒油适量

做法

❶ 锅内注清水，加入盐，倒入洗净的蚕豆，放入枸杞，拌匀，加盖，用大火煮开后转小火续煮30分钟至熟软。

❷ 揭盖，捞出煮好的蚕豆、枸杞，装碗待用。

❸ 另起锅，倒入辣椒油，放入蒜末，爆香；加入生抽、陈醋，拌匀，制成酱汁。

❹ 关火后将酱汁倒入蚕豆和枸杞中，搅拌均匀；将拌好的菜肴装在盘中，撒上香菜点缀即可。

小叮咛 枸杞含有蛋白质、胡萝卜素、维生素、酸浆红素、铁、磷、镁、锌等营养成分，具有养心滋肾、补虚益精、清热明目等功效。

芸豆

【热量】105千焦/100克

【归经】入脾、胃经

【性味】性平，味甘

营养在线

芸豆具有温中下气、利肠胃、补元气等功效。芸豆含有皂苷、脲酶和多种球蛋白等独特成分，能提高人体自身的免疫能力，增强抗病能力；芸豆还能激活T淋巴细胞，对肿瘤细胞的生长有抑制作用。

食用建议

适合于心脏病、低血钾患者；不宜于有消化道疾病者食用。

相宜搭配

✔芸豆+冰糖

治百日咳和咳喘

✔芸豆+蜂蜜

治百日咳和咳喘

✔芸豆+生姜

治胃寒呃逆

✔芸豆+猪肾

益肾补元、温中散寒

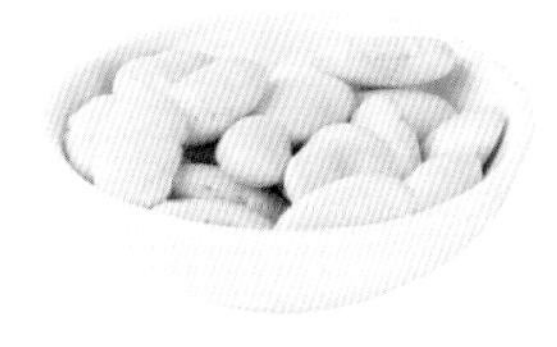

推荐食谱

烹饪时间47分钟；口味鲜

芸豆海带炖排骨

原料 ○5人份

排骨段400克，水发芸豆100克，海带100克，枸杞15克，姜片少许

调料

盐3克，鸡粉2克，料酒5毫升

做法

1. 将洗净的海带切开，再切小块。
2. 锅中注清水烧开，倒入洗净的排骨段搅拌匀，煮约1分钟，汆去血水，捞出。
3. 砂锅中注清水烧开，倒入排骨段，撒上姜片；放入洗净的芸豆，倒入海带，淋入料酒，拌匀，煮沸后用小火炖约40分钟，至排骨熟软。
4. 撒上枸杞，拌匀，炖至食材熟透，加入鸡粉、盐，拌匀，续煮至汤汁入味；关火后盛出炖好的菜肴即可。

烹饪时间93分钟；口味鲜

猪肚芸豆汤

原料 ○5人份

猪肚500克，水发芸豆100克，花椒8克，姜片少许

调料

盐3克，鸡粉3克，料酒10毫升，胡椒粉少许

做法

❶ 将洗净的猪肚切块，切成条。

❷ 锅中注入适量清水烧开，放入猪肚，加入料酒，煮沸，去除腥味；把猪肚捞出，沥干水分，待用。

❸ 砂锅注入适量清水烧开，倒入猪肚、芸豆；加入姜片、花椒，搅匀；盖上盖，大火烧开后用小火炖90分钟至熟。

❹ 放入盐、鸡粉、胡椒粉，拌匀调味；将炖好的菜肴盛出装入碗中即可。

小叮咛 猪肚含有蛋白质、脂肪、维生素A、维生素E以及多种矿物质等营养成分，具有健脾胃、补虚损、通血脉等功效。

烹饪时间8分钟；口味辣

干煸芸豆

原料 ○3人份

芸豆200克，干辣椒5克，蒜末、葱白、葱花各少许

调料

盐4克，鸡粉3克，生抽4毫升，料酒、食用油各适量

做法

❶ 用油起锅，倒入洗净的芸豆，翻炒约5分钟至表面微微起皱。

❷ 关火后盛出炒好的芸豆，装盘待用。

❸ 锅留底油，放入蒜末、葱白、干辣椒，爆香；倒入炒过的芸豆，翻炒约1分钟至熟软。

❹ 加入盐、鸡粉、生抽、料酒，炒匀；关火后盛出炒好的芸豆，装在盘中，撒上葱花点缀即可。

烹饪时间21分钟；口味甜

五香芸豆

原料 ○3人份

水发芸豆100克，花椒8克，八角、葱段、姜片各少许

调料

白糖4克，盐2克

做法

❶ 砂锅中注入适量清水，用大火烧热。

❷ 倒入备好的芸豆、八角、花椒、姜片、葱段，烧开后转小火煮20分钟至食材熟透。

❸ 揭开锅盖，加入白糖、盐，搅拌均匀至食材入味。

❹ 关火后将煮好的芸豆盛出，装入碗中，拣去姜片、葱段即可。

蜜汁红枣芸豆

烹饪时间36分钟；口味甜

原料 ○3人份

水发芸豆270克，红枣80克，山楂30克

调料

蜂蜜30毫升，冰糖50克

做法

❶ 锅中注入适量清水大火烧开。

❷ 倒入泡发好的芸豆、红枣、山楂，搅拌匀，煮开后转小火煮30分钟至食材熟软。

❸ 倒入冰糖，搅拌片刻，续煮5分钟使食材入味。

❹ 将煮好的食材捞出，倒入蜂蜜，搅拌均匀；将拌好的食材装入盘中即可。

小叮咛 红枣含有蛋白质、脂肪、糖类、有机酸、维生素A、维生素C等成分，具有益气补血、美容养颜等功效。

烹饪时间2分钟；口味鲜

花生米芸豆炒腊肉

原料 ○4人份

腊肉500克，水发芸豆100克，花生米100克，干辣椒5克，花椒5克，葱段10克

调料

料酒4毫升，生抽5毫升，白糖2克，鸡粉2克，食用油适量

做法

❶ 洗净的腊肉切成片待用。

❷ 热锅注入适量食用油，烧至五成热；倒入花生米、芸豆，搅匀，油炸片刻，捞出，沥干油分。

❸ 锅中注入清水大火烧开，倒入腊肉片，搅匀，汆煮去除多余盐分，捞出，沥干水分。

❹ 热锅注油烧热，倒入腊肉，翻炒；放入花椒、干辣椒，爆香；加入料酒、生抽、白糖、鸡粉，炒匀；加入芸豆、花生、葱段，炒匀盛出即可。

烹饪时间31分钟；口味甜

桂花白芸豆

原料 ○2人份

水发芸豆230克，糖桂花50克

调料

冰糖30克

❶ 锅中注入适量清水大火烧热。

❷ 倒入洗净的芸豆、冰糖，搅拌均匀；盖上锅盖，大火煮开后转小火煮30分钟至熟软。

❸ 掀开锅盖，将芸豆捞出装入碗中；倒上糖桂花，搅拌均匀。

❹ 将拌好的芸豆倒入盘中即可。

豆芽

【热量】54千焦/100克

营养在线

豆芽具有清热明目、补气养血、消肿除痹、祛黑痣、治疣赘、润肌肤、防止牙龈出血和心血管硬化以及降低胆固醇等功效，对脾胃湿热、大便秘结、寻常疣、高血脂等症有食疗作用。

食用建议

适合于胃中积热者，妇女妊娠，高血压、癌症、癫痫、肥胖、便秘、痔疮患者，特别适合坏血病、口腔溃疡、消化道癌症患者和减肥人士食用，嗜烟酒、肥腻者也适宜常吃；豆芽膳食纤维较粗，不易消化，且性质偏寒，所以脾胃虚寒之人不宜久食。

相宜搭配

✔豆芽+黑木耳
提供全面营养

✔豆芽+彩椒
清热解毒

✔豆芽+牛肉
预防感冒、防止中暑

✔豆芽+胡萝卜
降低血糖

✔豆芽+韭菜
防癌抗癌

✔豆芽+洋葱
清热解毒

【性味】

性凉、味甘

【归经】

归脾、大肠经

实用备忘录

豆芽质地娇嫩，含水量大，一般保存起来有两种方法，一种是用水浸泡保存，另一种是放入冰箱冷藏。

推荐食谱

烹饪时间18分钟；口味鲜

韭菜豆芽蒸猪肝

原料 ○3人份

猪肝100克，豆芽70克，韭菜40克，姜丝5克

调料

料酒3毫升，干淀粉10克，生抽5毫升，盐2克，鸡粉2克，食用油、胡椒粉各适量

做法

❶ 洗好的豆芽切三刀，切成段；洗好的韭菜切成段；处理好的猪肝切成片。

❷ 猪肝片倒入碗中，淋入料酒、生抽，再放入盐、鸡粉、胡椒粉、姜丝，搅拌匀，腌渍10分钟；倒入干淀粉，拌匀，淋入少许食用油；再倒入韭菜段、豆芽段，搅拌片刻。

❸ 将拌好的食材倒入盘中，待用；电蒸锅中注入清水烧开上汽，放入食材，盖上锅盖，再调转旋钮定时蒸6分钟。

❹ 待6分钟后，掀开锅盖，将食材取出即可。

小叮咛 豆芽能减少体内乳酸堆积，消除疲劳；它还含有一种叫硝基磷酸酶的物质，这种物质能有效抵抗癫痫和减少癫痫发作，能诱生干扰素，增加机体抗病毒、抗癌肿的能力。

烹饪时间1分30秒；口味清淡

彩椒炒绿豆芽

原料 ○3人份

彩椒70克，绿豆芽65克

调料

盐、鸡粉各少许，食用油适量，水淀粉2毫升

做法

❶ 把洗净的彩椒切成丝，备用。
❷ 锅中倒入适量食用油，下入彩椒，放入洗净的绿豆芽，翻炒至食材熟软。
❸ 加入盐、鸡粉，炒匀调味；再倒入水淀粉，快速拌炒均匀至食材完全入味。
❹ 起锅，将炒好的菜盛出，装入盘中即可。

烹饪时间2分钟；口味鲜

醋香黄豆芽

原料 ○3人份

黄豆芽150克，红椒40克，蒜末、葱段各少许

调料

盐2克，陈醋4毫升，水淀粉、料酒、食用油各适量

做法

❶ 将洗净的红椒切开，去籽，切成丝。
❷ 锅中注入适量清水烧开，加少许食用油，放入黄豆芽，焯煮1分钟至其八成熟，将焯好的黄豆芽捞出。
❸ 用油起锅，放入蒜末、葱段，爆香；倒入黄豆芽、红椒，加适量料酒，炒香；放入盐、陈醋，炒匀调味。
❹ 倒入适量水淀粉，快速拌炒均匀；把炒好的黄豆芽盛出，装盘即可。

胡萝卜丝炒豆芽

烹饪时间2分钟；口味清淡

原料 ○2人份

胡萝卜80克，黄豆芽70克，蒜末少许

调料

盐2克，鸡粉2克，水淀粉、食用油各适量

做法

❶ 将洗净去皮的胡萝卜切片，改切成丝。

❷ 锅中注入适量清水，用大火将水烧开，加入适量食用油，倒入胡萝卜，煮半分钟；倒入黄豆芽，搅一会儿，继续煮半分钟，捞出待用。

❸ 锅中注油烧热，倒入蒜末，爆香；倒入焯好的胡萝卜和黄豆芽，拌炒片刻。

❹ 加入鸡粉、盐翻炒匀，至食材入味；再倒入适量水淀粉快速拌炒均匀；关火，把炒好的菜肴盛入盘中即可。

小叮咛 胡萝卜含有胡萝卜素、钙等营养物质，能健脾、化滞，对久痢、咳嗽、眼疾有食疗作用。胡萝卜的糖含量很低，纤维素含量高，适合糖尿病患者食用。

烹饪时间24小时；口味酸

黄豆芽泡菜

原料 ○2人份

黄豆芽100克，大蒜25克，韭菜50克，葱条15克，朝天椒15克

调料

盐、白醋、白糖各适量，白酒50毫升

做法

❶ 葱条洗净，切成段；朝天椒洗净，拍破；韭菜洗净，切段；大蒜洗净，拍破。

❷ 豆芽装入碗中，加入盐拌匀，再用清水洗干净。

❸ 玻璃罐倒入白酒，加温水，加入盐、白糖、白醋，拌匀；放入朝天椒、大蒜；倒入黄豆芽，再放入韭菜、葱段，加盖密封，置于16～18℃的室温下泡制一天一夜。

❹ 泡菜制成，用筷子夹入盘内即可。

烹饪时间4分钟；口味辣

冬笋拌豆芽

原料 ○2人份

冬笋100克，黄豆芽100克，红椒20克，蒜末、葱花各少许

调料

盐3克，鸡粉2克，芝麻油2毫升，辣椒油2毫升，食用油3毫升

做法

❶ 将洗净的冬笋、红椒切成丝。

❷ 锅中注清水烧开，加入食用油、1克盐；倒入冬笋，煮1分钟；倒入黄豆芽，搅拌匀，再煮1分钟至其断生；放入红椒，煮片刻至食材熟透。

❸ 把煮熟的食材捞出，装入碗中；加入2克盐、鸡粉，放入蒜末、葱花，淋入芝麻油、辣椒油，拌匀。

❹ 将拌好的材料盛出，装盘即可。

烹饪时间4分钟；口味鲜

青蒜豆芽炒粉丝

原料 ○3人份

水发粉丝100克，黄豆芽65克，蒜苗45克，青花椒10克，姜片、葱段各少许

调料

生抽5毫升，盐2克，鸡粉2克，食用油适量

做法

❶ 处理好的黄豆芽对半切开；洗净的粉丝切成长段，待用。

❷ 热锅注油烧热，倒入青花椒、姜片、葱段，爆香。

❸ 倒入备好的黄豆芽、粉丝，快速翻炒匀；加入生抽，翻炒上色，放入蒜苗，炒匀。

❹ 加入盐、鸡粉，翻炒片刻至入味；关火后将炒好的菜肴盛出装入盘中即可。

小叮咛 黄豆芽含有蛋白质、脂肪、粗纤维、钙、磷、铁、胡萝卜素、烟酸、维生素C等营养成分，具有清热明目、补气养血、防止牙龈出血、降低胆固醇等功效。

烹饪时间3分钟；口味辣

豆芽拌洋葱

原料 ○3人份

黄豆芽100克，洋葱90克，胡萝卜40克，蒜末、葱花各少许

调料

盐2克，鸡粉2克，生抽4毫升，陈醋3毫升，辣椒油、芝麻油各适量

做法

1. 将洗净的洋葱切成丝；去皮洗好的胡萝卜切片，改切成丝。
2. 锅中注入适量清水烧开，放入黄豆芽、胡萝卜，搅匀，煮1分钟，至其断生；再放入洋葱，煮半分钟。
3. 把焯煮好的食材捞出，装入碗中，放入少许蒜末、葱花，倒入生抽，加入盐、鸡粉、陈醋、辣椒油，再淋入少许芝麻油，拌匀。
4. 将拌好的材料盛出，装入盘中即可。

烹饪时间2分钟；口味辣

绿豆芽炒鳝丝

原料 ○2人份

绿豆芽40克，鳝鱼90克，青椒、红椒各30克，姜片、蒜末、葱段各少许

调料

盐3克，鸡粉3克，料酒6毫升，水淀粉、食用油各适量

做法

1. 洗净的红椒、青椒切开，去籽，切成丝。
2. 将处理干净的鳝鱼切成段，改切成丝，放入1克鸡粉、1克盐、3毫升料酒、水淀粉、食用油，腌渍入味。
3. 用油起锅，放入姜片、蒜末、葱段，爆香；放入青椒、红椒，拌炒匀，倒入鳝鱼丝，翻炒匀；淋入3毫升料酒，炒香，放入洗好的绿豆芽。
4. 加入2克盐、2克鸡粉、水淀粉，快速炒匀；把炒好的材料盛出，装入盘中即可。

黄瓜拌绿豆芽

烹饪时间3分钟；口味清淡

原料 ○3人份

黄瓜200克，绿豆芽80克，红椒15克，蒜末、葱花各少许

调料

盐2克，鸡粉2克，陈醋4毫升，芝麻油、食用油各适量

做法

❶ 将洗净的黄瓜切片，改切成丝；洗好的红椒切开，去籽，切成丝。

❷ 锅中注入适量清水烧开，加入少许食用油，放入洗好的绿豆芽、红椒，拌匀，煮约半分钟至熟。

❸ 把焯煮好的绿豆芽和红椒捞出，沥干水分，装入碗中，再放入黄瓜丝。

❹ 加入盐、鸡粉，放入少许蒜末、葱花、陈醋、芝麻油，搅拌匀，装入盘中即可。

小叮咛 绿豆芽含有维生素C、维生素B_2、纤维素，能清除血管壁中堆积的胆固醇和脂肪，预防心血管疾病。常食绿豆芽还可清热解毒、利尿除湿，糖尿病患者可以多食。

烹饪时间18分钟；口味鲜

蒜苗豆芽炒鸡丝

原料 ○3人份

蒜苗90克，黄豆芽70克，鸡胸肉130克，红椒20克，姜片、蒜末各少许

调料

盐2克，料酒3毫升，水淀粉6毫升，鸡粉2克，食用油适量

做法

❶ 蒜苗切长段；黄豆芽切去根部；红椒去籽，切粗丝；鸡胸肉切细丝。

❷ 将鸡肉丝装入碗中，加入1克盐、1毫升料酒、3毫升水淀粉、食用油，拌匀，腌渍约15分钟至其入味，备用。

❸ 用油起锅，倒入姜片、蒜末，爆香；放入鸡肉丝、蒜苗梗、红椒、黄豆芽，炒至熟软，放入蒜苗叶，炒出香味。

❹ 加入1克盐、鸡粉、2毫升料酒，倒入3毫升水淀粉，炒匀至食材入味；关火后盛出炒好的菜肴即可。

烹饪时间2分钟；口味辣

香辣黄豆芽

原料 ○2人份

黄豆芽130克，辣椒粉、葱花各少许

调料

盐2克，鸡粉1克，食用油适量

做法

❶ 洗好的黄豆芽切除根部；锅中注入适量清水烧开，倒入黄豆芽，拌匀，煮至断生；捞出黄豆芽，沥干水分，放入盘中，待用。

❷ 用油起锅，倒入辣椒粉，拌匀。

❸ 加入盐，拌匀，关火后加入鸡粉，搅拌均匀。

❹ 盛出味汁，浇在黄豆芽上，点缀上葱花即可。

烹饪时间1分30秒；口味清淡

绿豆芽拌猪肝

原料 ○3人份

卤猪肝220克，绿豆芽200克，蒜末、葱段各少许

调料

盐、鸡粉各2克，生抽5毫升，陈醋7毫升，花椒油、食用油各适量

做法

❶ 将备好的卤猪肝切开，再切片；锅中注入适量清水烧开，倒入洗净的绿豆芽拌匀，焯煮一小会儿，至食材断生后捞出，沥干水分，待用。

❷ 用油起锅，撒上蒜末，爆香，倒入葱段，炒匀；放入部分猪肝片，炒匀；关火后倒入焯熟的绿豆芽拌匀，加入盐、鸡粉，淋入生抽。

❸ 注入陈醋、花椒油，拌匀，至食材入味，待用。

❹ 取盘子，放入余下的猪肝片，摆放好；再盛入锅中的食材，摆好盘即可。

小叮咛 绿豆芽含有蛋白质、维生素B_1、维生素B_2、膳食纤维以及钙、镁、钾、铁、锰等营养元素，具有清暑热、解毒消肿、滋阴壮阳、调五脏、美肌肤等功效。

腰豆

【热量】523千焦/100克

【归经】归脾、胃经

【性味】性平，味甘

营养在线

腰豆具有健脾养胃、理中益气、补肾、降血糖、促消化、增食欲、提高免疫力等功效。腰豆所含B族维生素能使机体保持正常的消化腺分泌和胃肠道蠕动的功能，平衡胆碱酯酶活性，有帮助消化、增进食欲的功效。

食用建议

适合于口渴、多尿、妇女带下者，以及肾虚、脚气病、尿毒症等病症患者及老年人，气滞便结之人应慎食。

相宜搭配

✔腰豆+蒜

防治高血压

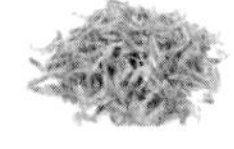

✔腰豆+虾皮

健胃补肾、理中益气

✔腰豆+香菇

益气补虚

✔腰豆+猪肉

降糖降压

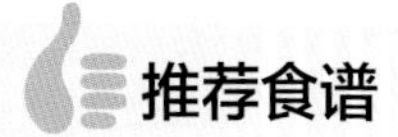

推荐食谱

烹饪时间2分钟；口味清淡

西芹百合炒红腰豆

原料 ○3人份

西芹120克，水发红腰豆150克，鲜百合45克，彩椒10克

调料

盐、鸡粉、白糖、水淀粉、食用油各适量

做法

❶ 西芹切块；彩椒切成丁。

❷ 热锅注清水烧开，放入红腰豆、白糖、盐、食用油、西芹、彩椒丁、鲜百合，煮至食材断生，捞出，沥干水分。

❸ 用油起锅，倒入焯过水的食材，炒匀炒香；转小火，加入少许盐、白糖、鸡粉，倒入适量水淀粉。

❹ 用中火快速炒匀，至食材熟软入味；盛出炒好的菜肴，装入盘中即可。

烹饪时间62分钟；口味鲜

红腰豆炖猪骨

原料 ○3人份

红腰豆150克，猪骨250克，姜片少许

调料

盐2克，料酒适量

做法

❶ 锅中注入适量清水烧开，倒入猪骨，淋入料酒，汆煮片刻；关火，将汆煮好的猪骨捞出，装盘备用。

❷ 砂锅中注入适量清水烧开，倒入猪骨，拌匀；加入姜片、红腰豆，淋入料酒，拌匀。

❸ 加盖，小火炖1小时至熟；揭盖，放入盐，拌匀。

❹ 关火，将炖好的猪骨盛出装入碗中即可。

小叮咛 姜含有膳食纤维、胡萝卜素、钙、铁、磷等营养成分，具有增强免疫力、发汗解表、温中止呕、温肺止咳等功效。

烹饪时间66分钟；口味甜

红腰豆绿豆莲子汤

原料 ○3人份

水发绿豆140克，水发莲子130克，熟红腰豆130克

调料

红糖适量

做法

❶ 砂锅中注入适量清水烧热，倒入洗净的绿豆、莲子、红腰豆，搅拌匀。

❷ 盖上锅盖，煮开后转小火煮1小时至熟。

❸ 掀开锅盖，倒入适量红糖，搅匀；盖上锅盖，续煮5分钟至入味。

❹ 掀开锅盖，持续搅拌片刻；关火，将汤盛出装入碗中即可。

烹饪时间4分钟；口味鲜

腰豆炒虾仁

原料 ○2人份

红腰豆80克，虾仁60克，圆椒5克，黄彩椒5克

调料

盐2克，鸡粉3克，料酒、水淀粉、食用油各适量

做法

❶ 洗净的黄彩椒切粗条，改切成块；洗好的圆椒切粗条，改切成块。

❷ 用油起锅，倒入虾仁，炒香；加入圆椒、黄彩椒，炒匀；放入红腰豆，炒匀。

❸ 淋入料酒，加入盐、鸡粉，翻炒约2分钟至入味；倒入水淀粉，炒匀。

❹ 关火，盛出炒好的菜肴，装入盘中即可。

刀豆

【热量】151千焦/100克

营养在线

刀豆含有蛋白质、粗纤维、钙、磷、铁等多种营养元素，具有保肝护肾的功效；刀豆含有脲酶、血细胞凝集素、刀豆氨酸等，具有增强免疫力的功效。

食用建议

一般人群均可食用，尤适于肾虚腰痛、气滞呃逆、风湿腰痛、小儿疝气等症患者食用；胃热盛者慎用。

相宜搭配

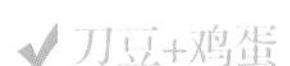

✔刀豆+鸡蛋

增强免疫力

✔刀豆+彩椒

增强免疫力

✔刀豆+猪肾

保肝护肾

✔刀豆+猪肉

益气补血

✔刀豆+胡萝卜

保护视力

✔刀豆+蒜

增强免疫力

实用备忘录

刀豆放入冰箱中可保持10天左右；不要和潮湿物品放在一起，也不要放在潮湿的地方。类似卫生间、厨房这类地方空气十分潮湿，会让刀豆早早蔫掉。

【性味】

性温，味甘，无毒

【归经】

归胃、肾经

烹饪时间2分30秒；口味咸

刀豆炒腊肠

原料 3人份

刀豆130克，腊肠90克，彩椒20克，蒜末少许

调料

盐少许，鸡粉2克，料酒4毫升，水淀粉、食用油各适量

做法

1. 将洗净的彩椒切开，改切菱形片；洗好的刀豆斜刀切块；洗净的腊肠斜刀切片。
2. 用油起锅，放入备好的蒜末，爆香；倒入腊肠，炒匀，淋入料酒炒出香味，倒入刀豆、彩椒，炒匀。
3. 注入清水，翻炒一会儿，至刀豆变软；转小火，加入盐、鸡粉。
4. 用水淀粉勾芡，至食材入味；关火后盛出菜肴，装在盘中即可。

小叮咛 腊肠含有蛋白质、维生素B_1、维生素B_2、烟酸、钙、磷、钾、钠、镁、铁、锌等营养成分，具有开胃助食、增进食欲、增强体力等作用。

烹饪时间2分30秒；口味辣

小炒刀豆

原料 ○3人份

刀豆85克，胡萝卜65克，蒜末少许

调料

鸡粉、白糖各少许，豆瓣酱15克，水淀粉、食用油各适量

做法

❶ 将去皮洗净的胡萝卜切段，再切菱形片；洗好的刀豆斜刀切段。

❷ 用油起锅，撒上备好的蒜末，爆香；放入豆瓣酱，炒出香辣味；倒入刀豆和胡萝卜，炒匀炒透；注入少许清水，翻炒一会儿，至食材熟软。

❸ 加入少许鸡粉、白糖，淋上适量水淀粉；改中火翻炒匀，至食材入味。

❹ 关火后盛出炒好的菜肴，装在盘中即可。

烹饪时间2分30秒；口味辣

辣炒刀豆

原料 ○3人份

刀豆100克，红椒40克，蒜末少许

调料

盐、鸡粉各2克，水淀粉、食用油各适量

做法

❶ 将洗净的刀豆斜刀切菱形片；洗好的红椒斜刀切段。

❷ 用油起锅，撒上备好的蒜末，爆香；倒入红椒段，炒匀，放入刀豆炒匀炒香，注入少许清水，炒匀，至刀豆变软。

❸ 转小火，加入盐、鸡粉，炒匀调味；再用水淀粉勾芡，至食材入味。

❹ 关火后盛出炒好的菜肴，装在盘中即可。

豆豉刀豆肉片

烹饪时间3分钟；口味鲜

原料 ○3人份

刀豆100克，彩椒15克，干辣椒5克，五花肉300克，豆豉10克，蒜末少许

调料

料酒8毫升，盐2克，鸡粉2克，生抽5毫升，食用油适量

做法

❶ 洗净的五花肉切成片；洗净的彩椒切开去籽，切成块；摘洗好的刀豆切成块。

❷ 热锅注油，倒入五花肉，翻炒转色；淋入4毫升料酒，翻炒提鲜；倒入干辣椒、蒜末、豆豉，翻炒均匀。

❸ 加入生抽，倒入甜椒、刀豆，快速翻炒片刻；倒入少许清水，加入盐、鸡粉、4毫升料酒翻炒片刻，使食材入味至熟。

❹ 关火，将炒好的菜盛出装入盘中即可。

小叮咛 猪肉含有脂肪酸、维生素、胡萝卜素、膳食纤维等成分，具有滋阴润燥、补肾养血等功效。

豉椒酱刀豆

烹饪时间3分钟；口味鲜

原料 ○3人份

刀豆200克，干辣椒5克，豆豉5克，蒜末少许

调料

豆瓣酱10克，辣椒酱10克，鸡粉2克，水淀粉4毫升，盐、食用油各适量

做法

1. 摘洗好的刀豆切成块待用。
2. 锅中注入适量的清水烧开，倒入刀豆，加入少许盐、食用油，搅匀，焯至断生；将刀豆捞出，沥干水分备用。
3. 热锅注油，倒入蒜末、干辣椒，翻炒爆香；倒入豆豉、豆瓣酱，快速翻炒均匀；放入辣椒酱、刀豆，快速翻炒均匀。
4. 淋入少许清水，翻炒一会，加入鸡粉、水淀粉快速翻炒片刻，使食材入味至熟，盛出装入盘中即可。

小叮咛 刀豆含有脲酶、血细胞凝集素、刀豆氨酸等成分，具有加速代谢、增强免疫力、排毒养颜等功效。

豆苗

【热量】339千焦/100克

【归经】归脾、胃经

【性味】性平，味甘

营养在线

豆苗富含维生素A、维生素C、钙、磷等成分，可增强免疫力；豆苗还含有大量抗酸性物质，具有很好的防老化功效，能延缓机体老化；豆苗是高钾低钠的食物，有很好的降低血压的功效。

食用建议

因豌豆苗叶子含有较多水分，故不宜保存，建议现买现食，必要时可控干表面水分，放入打洞的保鲜袋，存入冰箱冷藏。

相宜搭配

✔豆苗+猪肉

预防糖尿病

✔豆苗+鸡蛋

补充蛋白质

✔豆苗+芋头

增强免疫力

✔豆苗+香菇

增强免疫力

推荐食谱

烹饪时间32分钟；口味清淡

豆苗煮芋头

原料 ○2人份

豆苗50克，小芋头150克，清鸡汤300毫升，姜丝少许

调料

盐2克，鸡粉2克

做法

1. 洗净去皮的小芋头对半切开，备用。
2. 砂锅中注入适量清水烧热，倒入备好的鸡汤；倒入小芋头、姜丝，搅拌均匀。
3. 盖上锅盖，用大火烧开后转小火煮30分钟至小芋头熟软；揭开锅盖，加入盐、鸡粉搅拌均匀，放入择洗好的豆苗。
4. 搅拌一会儿，至食材入味；关火后将煮好的菜肴装入碗中即可。

烹饪时间122分钟；口味鲜

上汤豆苗

原料 ○2人份

豆苗100克，豆腐100克，香菇50克，高汤适量

调料

盐、鸡粉各2克，食用油适量

做法

1. 洗净的豆腐切小丁；洗好的香菇去除根部，切小片。
2. 取出电饭锅，打开盖子，通电后倒入洗净的豆苗，放入豆腐，加入香菇，倒入高汤。
3. 加入适量清水至没过食材，淋入食用油，搅拌均匀；盖上盖子，按下“功能”键，调至“靓汤”状态，煮2小时至食材熟软。
4. 按下“取消”键，打开盖子，加入盐、鸡粉，搅匀调味；断电后将煮好的汤装碗即可。

小叮咛 豆苗俗称豌豆苗，其叶清香、质柔嫩、滑润爽口，并且营养丰富，含有人体必需的氨基酸等成分，具有利尿、止泻、消肿、止痛和助消化等功效。

豆苗虾仁

烹饪时间1分30秒；口味鲜

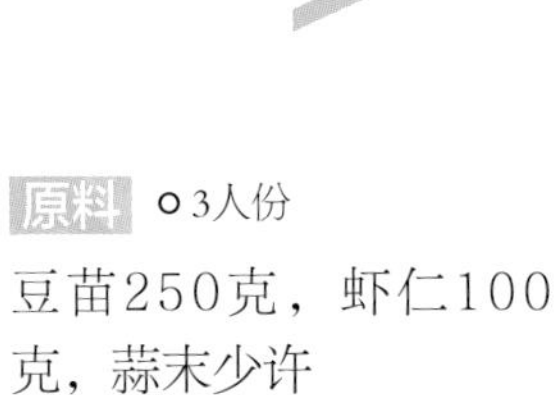

原料 ○3人份

豆苗250克，虾仁100克，蒜末少许

调料

料酒5毫升，盐2克，鸡粉2克，食用油适量

做法

❶ 处理好的虾仁横刀切开，去除虾线，待用。
❷ 热锅注油烧热，倒入备好的蒜末、虾仁，爆香。
❸ 淋入料酒，倒入洗净的豆苗，翻炒匀。
❹ 放入盐、鸡粉，快速炒匀调味；关火后将炒好的菜盛出装入盘中即可。

小叮咛 豆苗含有胡萝卜素、维生素B_2、维生素C等成分，具有增强免疫力、利尿消肿、美白润肤等功效。

豆皮拌豆苗

烹饪时间5分钟；口味辣

原料 ○2人份

豆苗60克，豆皮70克，花椒15克，葱花少许

调料

盐、鸡粉各1克，生抽5毫升，食用油适量

做法

❶ 洗净的豆皮切丝；将豆皮丝切两段；沸水锅中倒入洗好的豆苗，焯煮1分钟至断生；捞出焯好的豆苗，沥干水分，装盘待用；锅中再倒入豆皮，焯煮2分钟至去除豆腥味。
❷ 捞出焯好的豆皮，沥干水分，装碗，撒上葱花待用。
❸ 另起锅注油，倒入花椒，炸约1分钟至香味飘出；捞出炸过的花椒。
❹ 将花椒油淋在豆皮和葱花上，放上焯好的豆苗，加入盐、鸡粉、生抽拌匀即可。

小叮咛 豆皮是很好的豆制品，含有高蛋白、B族维生素、铁、镁、钾、钙、锌、叶酸等营养成分，具有补中益气、清热润燥、生津止渴、清洁肠胃等功效。

Part 3

百变豆制品，营养更加均衡

豆制品不仅美味，而且营养价值很高，可与动物性食物媲美。豆制品的营养比大豆的更容易被消化吸收。因为在黄豆加工制成豆制品的过程中由于酶的作用，豆中更多的磷、钙、铁等矿物质被释放出来，人体对黄豆中矿物质的吸收率大大提高。发酵豆制品在加工过程中，由于微生物的作用，还可合成糖类，对人体健康十分有益。

豆腐

【热量】339千焦/100克

【性味】

性凉，味甘

【归经】

归脾、胃、大肠经

营养在线

豆腐能益气宽中、生津润燥、清热解毒、和脾胃、抗癌，还可以降低血铅浓度、保护肝脏、促进机体代谢。豆腐中丰富的大豆卵磷脂有益于神经、血管、大脑的发育生长；豆腐中的大豆蛋白可以显著降低血浆胆固醇、三酰甘油和低密度脂蛋白，有助于预防心血管疾病。

食用建议

适合于心血管疾病、糖尿病、癌症患者；不适于痛风、肾病、缺铁性贫血、腹泻患者。

相宜搭配

✔豆腐+草菇

健脾补虚、增进食欲

✔豆腐+猪肉

开胃消食

✔豆腐+鲜菇

降血脂、降血压

✔豆腐+枸杞

养颜美容

✔豆腐+洋葱

开胃消食

✔豆腐+鸡肉

补钙

实用备忘录

豆腐本身的颜色略带点黄色，优质豆腐切面比较整齐，无杂质，豆腐本身有弹性。豆腐买回后，应立刻浸泡于清凉水中，并置于冰箱中冷藏，待烹调前再取出。

推荐食谱

烹饪时间3分钟；口味鲜

铁板豆腐

原料 ○3人份

豆腐220克，洋葱60克，葱花25克，红椒丁30克，蒜末少许

调料

鸡粉、孜然粉、生抽、盐、食用油各适量，辣椒粉30克

做法

❶ 豆腐切成小块，洋葱切成丝。
❷ 用油起锅，放入豆腐块，将豆腐块两面煎成焦黄色，撒上盐，煎制入味后，将豆腐盛出。
❸ 取铁盘，将锡纸铺在表面，置在火上，淋上食用油；摆上部分洋葱丝、蒜末、辣椒粉、红椒丁、豆腐片，加热。
❹ 再撒上剩余的洋葱丝、红椒丁、蒜末，加入辣椒粉、生抽、鸡粉、孜然粉，煎至入味；将铁板取出放置在木板，撒上葱花，即可食用。

小叮咛 洋葱含有钾、维生素C、叶酸、锌、硒、纤维素等成分，具有促进食欲、防癌抗癌、增强免疫力等功效；另外，洋葱还含有前列腺素，可扩张血管，减少外周血管阻力，促进钠的排泄，降低血压。

烹饪时间24分钟；口味辣

肉末烤豆腐

原料 ○4人份

老豆腐300克，肉末85克，香菇丁40克，青椒丁、红椒丁各30克，香辣豆豉酱适量

调料

盐、鸡粉、孜然粉、食用油各适量

做法

❶ 豆腐切开，改切方块，再切花刀。

❷ 用油起锅，倒入肉末，炒至转色；放入香辣豆豉酱、香菇丁、青椒丁、红椒丁，炒匀；加入盐、鸡粉，炒至食材入味，盛入小碗中，即可馅料。

❸ 烤盘中铺上锡纸，刷上适量油，放入豆腐块，盛入炒好的馅料，撒上孜然粉。

❹ 推入预热好的烤箱中，关好箱门，烤约20分钟，至食材熟透，断电后打开箱门，取出烤盘微冷却后将烤好的菜肴装在盘中即可。

烹饪时间33分钟；口味淡

咸蛋黄蒸豆腐

原料 ○2人份

豆腐150克，咸蛋黄1个，黄瓜50克，杏鲍菇30克，胡萝卜50克

调料

盐3克

做法

❶ 洗净的杏鲍菇切碎；洗好的胡萝卜切碎；咸蛋黄切碎；洗净的黄瓜切薄片；在豆腐中间挖一个洞。

❷ 取一碗，放入切碎的杏鲍菇、胡萝卜、咸蛋黄，加入盐，用筷子搅拌均匀。

❸ 倒进挖好的豆腐洞里，将黄瓜片铺在周围。

❹ 取电饭锅，注入清水，放上蒸笼，放入豆腐，蒸煮30分钟，取出蒸好的豆腐即可。

尖椒干豆腐

烹饪时间12分钟；口味辣

原料 ○3人份

豆腐皮100克，青椒80克，瘦肉110克，去皮胡萝卜30克，姜片、蒜末、葱白各少许

调料

水淀粉、生抽、盐、鸡粉、五香粉、料酒、胡椒粉、食用油各适量

做法

1. 豆腐皮修整齐，切成均匀的条状；洗净的青椒切开，去籽，切条，再切段；洗净去皮的胡萝卜切成片。
2. 瘦肉切成片装入碗中，放入盐、鸡粉、料酒、胡椒粉、水淀粉，拌匀，腌渍10分钟。
3. 锅中注入清水烧开，倒入豆腐皮，拌匀，去除豆腥味，捞出，沥干水分。
4. 用油起锅，倒入瘦肉片，翻炒香；倒入姜片、葱白、蒜末、生抽、豆腐皮、胡萝卜片、清水，加入盐、鸡粉、五香粉，翻炒调味；倒入青椒段、水淀粉，快炒收汁，将炒好的菜肴盛出装入盘中即可。

小叮咛 青椒含有蛋白质、维生素C、矿物质、辣椒素等成分，具有润肠通便、散寒祛湿等功效，还能增强人的体力，缓解因工作、生活压力造成的疲劳。

烹饪时间13分30秒；口味鲜

贵妃豆腐

原料 ○3人份

日本豆腐220克，枸杞15克，葱花少许，高汤100毫升

调料

盐少许，鸡粉2克，水淀粉适量

做法

❶ 将备好的日本豆腐切段，去除外包装，再切小块儿，把豆腐块装入蒸碗中，铺平摆好，撒上洗净的枸杞。

❷ 蒸锅上火烧开，放入蒸碗，蒸约10分钟，至食材熟透，取出蒸碗，待用。

❸ 锅置旺火上，注入高汤，加入盐、鸡粉，大火煮沸。

❹ 再用水淀粉勾芡，调成芡汁，关火后盛出，浇在蒸碗中，最后点缀上葱花即可。

烹饪时间27分钟；口味咸

蒸酿豆腐

原料 ○3人份

豆腐240克，瘦肉末50克，香菇碎30克，葱花3克，鸡蛋25克，蒜末5克

调料

料酒5毫升，盐、鸡粉各3克，水淀粉10毫升，蚝油3克，食用油10毫升，生抽5毫升

做法

❶ 取一碗，放入瘦肉末、香菇碎，打入鸡蛋，加入料酒、1克盐，拌匀，腌渍10分钟。

❷ 挖去豆腐的中间部分，形成一个洞，将腌好的瘦肉末放进去。

❸ 取电蒸锅，注入清水烧开，放入豆腐，将时间调至“15”，15分钟后蒸好取出豆腐。

❹ 用油起锅，倒入蒜末，爆香；加入蚝油、生抽、2克盐、鸡粉、清水、水淀粉，炒至入味，将炒香的汁液淋到豆腐上面，撒上葱花即可。

烹饪时间12分钟；口味咸

梅干菜蒸豆腐

原料 ○3人份

豆腐200克，梅干菜50克，红椒丁10克，姜丝8克，葱花3克，豆豉4克

调料

蒸鱼豉油10毫升，食用油适量

做法

❶ 洗净的豆腐切粗条，装盘待用；洗好的梅干菜切碎；豆豉切碎。

❷ 用油起锅，放入姜丝，爆香；倒入切碎的豆豉，翻炒均匀。

❸ 放入切碎的梅干菜，翻炒1分钟至香味飘出；将炒好的梅干菜铺在豆腐上，撒上红椒丁，取出已烧开水的电蒸锅，放入食材。

❹ 盖上盖，调好时间旋钮，蒸10分钟至熟，取出蒸好的梅干菜和豆腐，淋入蒸鱼豉油，撒上葱花即可。

小叮咛 豆腐含有高蛋白和高氨基酸，不含胆固醇，是“三高”人士的食补佳品；它还含有丰富的植物雌激素和钙质，能有效防治骨质疏松。

烹饪时间22分钟；口味淡

蟹柳烩豆腐

原料 ○3人份

豆腐100克，蟹柳60克，金针菇、香菇各30克

调料

盐2克，胡椒粉3克，陈醋5毫升，食用油适量

做法

❶ 洗净的蟹柳切段，洗好的豆腐切小块，洗净的金针菇切去根部，洗好的香菇切丝。

❷ 取电饭锅，加入香菇丝、蟹柳段、豆腐块、金针菇，加入盐、食用油、胡椒粉、陈醋，注入适量清水，拌匀。

❸ 盖上盖，按“功能”键，选择“蒸煮”功能，时间为20分钟，开始蒸煮。

❹ 按“取消”键，断电，开盖，稍稍搅拌片刻，盛出煮好的豆腐，装入碗中即可。

烹饪时间32分钟；口味鲜

香菇豆腐鲫鱼汤

原料 ○4人份

鲫鱼段400克，豆腐180克，香菇3朵，香菜4克，姜片10克

调料

盐4克

做法

❶ 洗净的豆腐切块，洗好的香菇切块。

❷ 取出电饭锅，打开盖子，通电后倒入处理干净的鲫鱼段。

❸ 倒入香菇，放入豆腐，倒入姜片，加入适量清水至没过食材，搅拌均匀。

❹ 盖上盖子，按下“功能”键，调至“靓汤”状态，煮30分钟至食材熟软；打开盖子，加入盐，放入洗净的香菜，搅匀调味，将煮好的汤装碗即可。

干贝茶树菇蒸豆腐

烹饪时间12分钟；口味鲜

原料 ○3人份

豆腐400克，茶树菇50克，水发干贝20克，蟹味菇50克，姜末5克，蒜蓉5克，葱花5克

调料

鸡粉3克，盐2克，生抽8毫升，食用油适量

做法

❶ 洗净的茶树菇从中间对切开成长段；备好的豆腐切成小块，装入盘中。

❷ 用油起锅，倒入姜末、蒜蓉，爆香；放入茶树菇、蟹味菇，翻炒片刻至软。

❸ 加入泡发好的干贝，快速翻炒匀；加入盐、鸡粉，翻炒调味；将炒好的料浇在豆腐上，备用。

❹ 电蒸锅注清水烧开，放入豆腐，调转旋钮定时10分钟；将豆腐取出，淋上生抽，撒上备好的葱花即可。

小叮咛 茶树菇含有谷氨酸、天门冬氨酸、异亮氨酸、甘氨酸等成分，具有延缓衰老、防癌抗癌等功效。

烹饪时间4分钟；口味辣

家常豆腐

原料 ○3人份

豆腐300克，青椒40克，鸡腿菇、葱花各少许

调料

盐2克，老抽、豆瓣酱、料酒、水淀粉、鸡粉、食用油各适量

做法

1. 将洗好的豆腐切成方块；青椒洗净，切片；洗净的鸡腿菇切丁。
2. 锅中倒入适量清水，加1克盐，放入豆腐，煮约2分钟后捞出。
3. 热锅注油，倒入鸡腿菇、青椒，加料酒炒香。
4. 倒入少许清水，加老抽、豆瓣酱拌匀；倒入豆腐，煮沸后加1克盐、鸡粉再煮1分钟至入味，用水淀粉勾芡，再淋入熟油拌匀；盛出装盘，撒上葱花即可。

小叮咛 豆腐营养丰富，含有铁、钙、磷、镁、糖类、植物油和丰富的优质蛋白；常食豆腐，可补中益气、清热润燥、生津止渴、清洁肠胃。

烹饪时间2分钟；口味鲜

豆腐皮拌牛腱

原料 ○3人份

卤牛腱150克，豆腐皮80克，彩椒30克，蒜末、香菜各少许

调料

生抽4毫升，盐2克，鸡粉2克，白糖3克，芝麻油3毫升，红油3毫升，花椒油4毫升

做法

❶ 洗净的豆腐皮切成细丝；洗净的彩椒去籽，再切成丝；择洗好的香菜切成碎；卤牛腱切成片，再切成丝。

❷ 锅中注入适量清水大火烧开；倒入豆腐丝，焯煮片刻，去除豆腥味；将豆腐丝捞出，沥干水分，待用。

❸ 取一个碗，倒入牛腱丝、豆腐丝；放入彩椒丝、蒜末，加入生抽、盐、鸡粉；放入白糖，淋入芝麻油、红油、花椒油，拌匀；放入香菜碎，搅拌片刻，使其充分入味。

❹ 将拌好的菜肴摆入盘中即可。

小叮咛 豆腐皮含有蛋白质、氨基酸、铁、钙、钼等成分，具有增强免疫力、促进身体发育、延缓衰老等功效。

烹饪时间14分钟；口味鲜

鲜虾豆腐蒸蛋羹

原料 ○4人份

豆腐260克，虾仁80克，葱花3克，鸡蛋液120克

调料

盐3克，料酒5毫升，芝麻油5毫升

做法

❶ 将洗净的豆腐切小方块。

❷ 把洗好的虾仁装在碗中，淋上料酒，加入1克盐，倒入芝麻油，拌匀，腌渍一会儿，待用。

❸ 将鸡蛋液装入小碗中，注入清水，撒上2克盐，搅散，制成蛋液，待用。

❹ 取一蒸盘，放入豆腐块，倒入调好的蛋液，放入腌好的虾仁，摆好造型；备好电蒸锅，烧开水后放入蒸盘，蒸熟后撒上葱花即可。

烹饪时间7分钟；口味淡

蒸鸡肉豆腐

原料 ○2人份

鸡胸肉30克，豆腐50克，包菜50克

做法

❶ 沸水锅中倒入洗净的鸡胸肉，汆煮一会儿至断生；捞出汆好的鸡胸肉，沥干水分，装盘放凉。

❷ 将放凉的鸡胸肉切碎；洗净的包菜切碎；豆腐切块，压成泥。

❸ 取空碗，倒入包菜碎，放入鸡肉碎，倒入豆腐泥，将食材拌匀；将拌匀的食材装入小碗中，压实；将压实的食材倒扣在盘中。

❹ 蒸锅注清水烧开，放入盘中的食材；加盖，用大火蒸5分钟至熟软；揭盖，取出蒸好的鸡肉豆腐即可。

鱼蓉豆腐

烹饪时间12分钟；口味鲜

原料 ○4人份

草鱼肉180克，豆腐280克，葱花3克，姜蓉5克

调料

盐2克，生抽8毫升，芝麻油2毫升，胡椒粉适量，干淀粉10克

做法

❶ 将备好的豆腐切成小块，待用；将鱼肉切小块，再切碎剁成蓉。

❷ 将鱼蓉倒入豆腐内，加入盐、姜蓉、胡椒粉，淋入芝麻油，搅拌片刻使食材充分混合均匀；倒入备好的干淀粉，搅拌均匀。

❸ 将拌好的鱼蓉豆腐倒入蒸盘，用筷子铺平。

❹ 备好电蒸锅烧开，放入鱼蓉豆腐；盖上锅盖，将时间旋钮调至10分钟；掀开锅盖，将鱼蓉豆腐取出，淋上生抽，撒上葱花即可。

小叮咛

草鱼含有丰富的不饱的脂肪酸以及微量元素硒，具有暖胃和中、益肝明目、促进血液循环、抗衰养颜等功效。

烹饪时间6分30秒；口味咸

咸鱼蒸豆腐

原料 ○3人份

咸鱼60克，嫩豆腐200克，姜片、葱花各少许

调料

生抽3毫升，食用油适量

做法

❶ 将豆腐切成长方块；咸鱼去除鱼骨，鱼肉切成条，改切成粒；将咸鱼、豆腐分别装入盘中，待用。

❷ 用油起锅，倒入咸鱼粒，炒出焦香味；把炒好的咸鱼粒盛出；把豆腐块装入盘中，放入炒好的咸鱼粒，再放入姜片，浇上生抽，淋入适量食用油。

❸ 将加工好的食材放入烧开的蒸锅中，用大火蒸5分钟至食材熟透。

❹ 揭盖，把蒸好的食材取出，撒上葱花，再浇上少许熟油即可。

烹饪时间12分钟；口味鲜

榨菜肉末蒸豆腐

原料 ○3人份

日本豆腐180克，肉末70克，榨菜30克，虾米20克，姜蓉5克，香菜适量

调料

盐2克，鸡粉2克，芝麻油、胡椒粉各适量

做法

❶ 日本豆腐去除包装切成片状；将豆腐围着盘子摆成一圈，待用。

❷ 肉末倒入碗中，放入榨菜、虾米、胡椒粉、鸡粉；放入芝麻油、姜蓉、盐，搅拌均匀；将拌好的肉馅倒在日本豆腐上。

❸ 备好电蒸锅烧开，放入日本豆腐；盖上锅盖，将时间旋钮调到10分钟。

❹ 掀开锅盖，将蒸好的豆腐取出，再撒上备好的香菜即可。

烹饪时间10分钟；口味咸

什锦榨菜蒸豆腐

原料 ○3人份

豆腐200克，火腿肠60克，玉米粒30克，豌豆30克，榨菜30克，蒜末8克

调料

蚝油8克，水淀粉15毫升，生抽8毫升，食用油适量

做法

❶ 洗净的豆腐切片，装盘待用；火腿肠切丁；榨菜切碎。

❷ 用油起锅，倒入蒜末，爆香；放入洗净的玉米粒和豌豆，翻炒片刻，倒入火腿肠。

❸ 放入切碎的榨菜翻炒均匀；加入蚝油，倒入生抽，炒约1分钟至入味；倒入水淀粉炒至收汁；将炒好的食材放在豆腐片上。

❹ 备好已注清水烧开的电蒸锅，放入食材；加盖，调好时间旋钮，蒸5分钟至熟透；揭盖，取出蒸好的什锦榨菜豆腐即可。

小叮咛 榨菜含有蛋白质、胡萝卜素、膳食纤维、钙、铁、钠等营养成分，具有健脾开胃、补气填精等功效。

烹饪时间9分30秒；口味鲜

香菇豆腐酿黄瓜

原料 ○3人份

黄瓜240克，豆腐70克，水发香菇30克，胡萝卜30克，葱花2克

调料

盐2克，鸡粉3克，干淀粉8克，水淀粉8毫升，芝麻油、胡椒粉各适量

做法

❶ 黄瓜切成大小均匀的段状；洗净去皮的胡萝卜切碎；豆腐切成小块。

❷ 香菇切去蒂，再切碎；备好大碗，将香菇碎、豆腐块、胡萝卜碎、葱花倒入，放入盐、胡椒粉、干淀粉，搅拌均匀。

❸ 用小勺子将黄瓜段中间部分挖去，不要挖穿；将拌好的食材填入黄瓜段，压实；备好电蒸锅烧开，放入黄瓜段蒸熟，取出。

❹ 热锅中注入清水烧开，放入鸡粉、盐、胡椒粉、芝麻油，搅拌片刻；将调好的汁浇在黄瓜段上，撒上葱花即可。

烹饪时间15分钟；口味咸

卤炸豆腐

原料 ○3人份

豆腐块350克，花生酱15克，蒜末10克，腐乳20克，油菜花汁40毫升，八角、花椒、香菜末各少许

调料

盐2克，鸡粉3克，生抽4毫升，陈醋、花椒油、芝麻油、食用油各适量

做法

❶ 取碗，加腐乳、花生酱、油菜花汁、蒜末、生抽、1克盐、鸡粉、陈醋、花椒油、芝麻油、纯净水，拌匀，制成调味汁。

❷ 热锅注油，放入豆腐块，炸至金黄色，将炸好的豆腐块捞出。

❸ 用油起锅，倒入花椒、八角，炒香；加入清水、1克盐、豆腐块，拌匀。

❹ 加盖，中火煮约10分钟至食材熟软；揭盖，大火收汁；关火后盛出煮好的豆腐，浇上调味汁，撒上香菜末即可。

烤豆腐

烹饪时间24分钟；口味辣

原料 ○3人份

嫩豆腐300克

调料

盐2克，花椒粉少许，烧烤料25克，辣椒粉15克，食用油适量

做法

❶ 将备好的嫩豆腐切厚片，改切方块；把豆腐块装在盘中，两面均匀地撒上盐、烧烤料、辣椒粉和花椒粉，待用。

❷ 烤盘中铺好锡纸，刷上底油，放入豆腐块，推入预热的烤箱中。

❸ 关好箱门，调上火温度为200℃，选择“双管发热”功能，再调下火温度为200℃，烤约20分钟，至食材熟透。

❹ 断电后打开箱门，取出烤盘；稍微冷却后将菜肴盛入盘中，摆好盘即可。

小叮咛 豆腐含有较多的植物雌激素和豆固醇，不仅对防治骨质疏松症有良好的作用，对肿瘤也有一定的抑制作用。

烹饪时间12分钟；口味鲜

虾蓉豆腐泡

原料 ○3人份

虾仁200克，豆腐泡100克，葱花、蒜末、香菇末各少许

调料

盐、鸡粉、生抽、料酒、白糖、蚝油、芝麻油、水淀粉、食用油各适量

做法

❶ 虾仁去掉虾线，剁成蓉状，放碗中，加盐、白糖、料酒、清水，拌匀，制成虾蓉；将豆腐泡捅一个洞口，放入虾蓉，包住。

❷ 取碗，加入生抽、料酒、盐、清水，拌匀，制成调味汁，倒在豆腐泡上。

❸ 蒸锅中注入清水烧开，放上豆腐泡，蒸熟，取出，倒出多余的汁液。

❹ 用油起锅，放蒜末、香菇末，爆香；加蚝油、生抽、清水、盐、鸡粉、水淀粉、芝麻油，煮至有效成分析出，浇在豆腐泡上，撒上葱花即可。

烹饪时间15分钟；口味清淡

黑椒豆腐茄子煲

原料 ○3人份

茄子160克，日本豆腐200克，蒜片少许，罗勒叶、枸杞各少许

调料

盐、黑胡椒粉各2克，鸡粉3克，生抽、老抽各3毫升，水淀粉、蚝油、食用油各适量

做法

❶ 茄子切成段；日本豆腐切成块。

❷ 热锅注油，烧至六成热，倒入茄子，油炸约1分钟至微黄色；关火，将煎好的茄子捞出，沥干油，装入盘中。

❸ 用油起锅，倒入蒜片，爆香；注入适量清水，加入盐、生抽、老抽、蚝油、鸡粉、黑胡椒粉，拌匀；倒入茄子、日本豆腐，拌匀。

❹ 煮至入味；加入水淀粉，炒匀；将煮好的菜肴盛出，放入砂锅中，将砂锅置于火上，加盖，焖10分钟至食材熟透，放入罗勒叶、枸杞做装饰即可。

烹饪时间9分钟；口味辣

腊味家常豆腐

原料 ○3人份

豆腐200克，腊肉180克，干辣椒10克，蒜末10克，朝天椒15克，姜片、葱段各少许

调料

盐、鸡粉各1克，生抽5毫升，水淀粉5毫升，食用油适量

做法

❶ 洗净的豆腐切粗条；腊肉对半切开，切片。

❷ 热锅注油，放入豆腐，煎约4分钟至两面焦黄，出锅备用。

❸ 锅留底油，倒入腊肉，炒香；放入姜片、蒜末、干辣椒、朝天椒，炒匀，加入生抽，注入适量清水；倒入煎好的豆腐，炒约2分钟至熟软。

❹ 加入盐、鸡粉，翻炒2分钟至入味；用水淀粉勾芡，倒入葱段炒至收汁；关火后盛出菜肴，装盘即可。

小叮咛 豆腐含有蛋白质、植物油、豆固醇、铁、镁、钾、钙、锌等营养成分，具有益气补虚、健脾利湿、清热解毒等功效。

烹饪时间3分钟；口味鲜

姜葱淡豆豉豆腐汤

原料 ○3人份

豆腐300克，西洋参8克，黄芪10克，淡豆豉、姜片、葱段各少许

调料

盐2克，鸡粉2克，食用油适量

做法

❶ 豆腐切片切条，再切成块。

❷ 热锅注油烧热，放入豆腐块，翻转两面煎制，使其表面微黄；将豆腐捞出，沥干油装盘待用。

❸ 锅底留油烧热，倒入姜片、葱段、豆豉，爆香；注入适量清水，倒入豆腐、黄芪、西洋参；盖上锅盖，焖2分钟至析出药性。

❹ 掀开锅盖，加入盐、鸡粉，持续搅拌片刻，使食材入味；将煮好的汤盛出装入碗中即可。

烹饪时间7分钟；口味鲜

豆腐烧鲈鱼

原料 ○4人份

豆腐200克，鲈鱼700克，干辣椒10克，黑芝麻10克，香菜、蒜片、姜片、葱段各少许

调料

盐3克，鸡粉2克，水淀粉4毫升，料酒6毫升，生抽4毫升，食用油适量

做法

❶ 豆腐切成块；鲈鱼切段，但不能断开。

❷ 热锅注油烧热，倒入鲈鱼，煎制片刻；倒入干辣椒、姜片、葱段、蒜片、料酒、生抽、清水、豆腐、1克盐，搅匀煮至沸。

❸ 盖上锅盖，小火焖5分钟至熟透；掀开锅盖，加入2克鸡粉，搅匀调味；倒入水淀粉，搅匀勾芡。

❹ 将煮好的鱼盛出装入盘中，撒上黑芝麻、香菜即可。

干贝香菇蒸豆腐

烹饪时间9分钟；口味鲜

原料 ○4人份

豆腐250克，水发冬菇100克，干贝40克，胡萝卜80克，葱花少许

调料

盐2克，鸡粉2克，生抽4毫升，料酒5毫升，食用油适量

做法

❶ 泡发好的冬菇去柄，切粗条；洗净去皮的胡萝卜切片，再切丝，改切成粒；洗净的豆腐切成块待用；取一个盘子，摆上豆腐块。

❷ 热锅注油烧热，倒入冬菇、胡萝卜，翻炒匀；倒入干贝，注入少许清水，淋入生抽、料酒。

❸ 加入盐、鸡粉，炒匀调味，大火收汁；关火，将炒好的材料盛出放入豆腐中。

❹ 蒸锅上火烧开，放入豆腐；盖上锅盖，大火蒸8分钟；掀开锅盖，将豆腐取出，撒上葱花即可。

小叮咛 豆腐含有铁、镁、钾、铜、钙、锌、磷、烟酸、叶酸等成分，具有生津止渴、清热润燥、补中益气等功效。

烹饪时间16分钟；口味鲜

蒸冬瓜酿油豆腐

原料 ○3人份

冬瓜350克，油豆腐150克，胡萝卜60克，韭菜花40克

调料

芝麻油5毫升，水淀粉3毫升，盐、鸡粉、食用油各适量

做法

❶ 油豆腐对半切开，用手指将里面压实，冬瓜用挖球器挖取适量的冬瓜球；胡萝卜切成粒；韭菜花切成小段，去掉花部分；将冬瓜放在油豆腐上。

❷ 蒸锅上火烧开，放入油豆腐；盖上锅盖，蒸至熟；掀开锅盖，取出。

❸ 热锅注油烧热，倒入胡萝卜、韭菜花，翻炒匀；注入适量清水，加入少许盐、鸡粉，搅匀调味。

❹ 加入水淀粉，淋上芝麻油，搅匀；将调好的酱汁浇在冬瓜上即可。

烹饪时间14分钟；口味鲜

鱼头豆腐汤

原料 ○4人份

鱼头350克，豆腐200克，姜片、葱段、香菜叶各少许

调料

盐、胡椒粉各2克，鸡粉3克，料酒5毫升，食用油适量

做法

❶ 洗净的豆腐切块；用油起锅，放入姜片，爆香；倒入鱼头，炒匀。

❷ 加入料酒，拌匀；注入适量清水，倒入豆腐块。

❸ 大火煮约12分钟至汤汁奶白色；加入盐、鸡粉、胡椒粉，拌匀。

❹ 放入葱段，拌匀，稍煮片刻至入味；关火后盛出煮好的汤，装入碗中，放上香菜叶即可。

烹饪时间2分钟；口味鲜

香辣鸡丝豆腐

原料 ○3人份

熟鸡肉80克，豆腐200克，油炸花生米60克，朝天椒圈15克，葱花少许

调料

陈醋5毫升，生抽5毫升，白糖3克，芝麻油5毫升，辣椒油5毫升，盐少许

做法

❶ 熟鸡肉手撕成丝；备好的熟花生米拍碎；洗净的豆腐对切开，切成块。

❷ 锅中注入适量的清水，大火烧开；加入盐，搅匀，倒入豆腐，焯煮片刻去除豆腥味；将豆腐捞出，沥干水分，摆入盘底成花瓣状，待用。

❸ 将鸡丝堆放在豆腐上；取一个碗，倒入花生碎、朝天椒圈；加入生抽、白糖、陈醋、芝麻油、辣椒油，搅拌均匀；倒入备好的葱花，搅拌均匀制成酱汁。

❹ 将调好的酱汁浇在鸡丝豆腐上即可。

小叮咛 鸡肉含有蛋白质、维生素A、B族维生素、维生素C、维生素D、铁、钙、磷等成分，具有温中益气、补虚填精、健脾胃等功效。

烹饪时间6分钟；口味鲜

鸡汤豆腐串

原料 ○2人份

豆腐皮150克，鸡汤500毫升，香葱35克，香菜30克，姜片少许

调料

盐1克，鸡粉、胡椒粉各2克，芝麻油5毫升，食用油适量

做法

❶ 将豆腐皮边缘修整齐，切成正方形；洗净的香葱切段；洗好的香菜切段。

❷ 往豆腐皮上放入葱段，放上部分香菜段，将豆腐皮卷起，用牙签固定形状。

❸ 热锅注油，放入豆腐串，煎约2分钟至表皮微黄；倒入姜片，注入鸡汤，加入盐、鸡粉、胡椒粉，拌匀。

❹ 加盖，焖至熟软入味，淋入芝麻油，稍煮片刻；夹出豆腐串，拔出牙签，将锅中的鲜汤浇在豆腐串上，放上剩余香菜点缀即可。

烹饪时间2分钟；口味辣

香菜豆腐干

原料 ○3人份

香干300克，香菜60克，朝天椒20克

调料

苏籽油5毫升，大豆油5毫升，盐2克，鸡粉1克，白糖2克，生抽、陈醋各5毫升

做法

❶ 洗好的香干从中间横刀切开，改刀切片；洗净的香菜切段；洗好的朝天椒切圈。

❷ 沸水锅中加入1克盐，倒入香干，焯煮一会儿至断生；捞出焯好的香干，沥干水分，装盘待用。

❸ 取一碗，倒入焯好的香干；倒入朝天椒，放入香菜，加入1克盐、鸡粉、生抽、陈醋、白糖。

❹ 倒入苏籽油，淋入大豆油，充分地将食材拌匀；将拌好的香干装盘即可。

猪红韭菜豆腐汤

烹饪时间7分钟；口味鲜

原料 ○3人份

韭菜85克，豆腐140克，黄豆芽70克，高汤300毫升，猪血150克

调料

盐、鸡粉、白胡椒粉各2克，芝麻油5毫升

做法

❶ 洗净的豆腐切块；处理好的猪血切小块；洗好的韭菜切段；洗净的黄豆芽切段，待用。
❷ 锅置于火上，倒入高汤；加盖，大火烧开；揭盖，倒入豆腐块、猪血块，拌匀。
❸ 加盖，大火再次煮沸；揭盖，放入黄豆芽段、韭菜段，拌匀，煮约3分钟至熟。
❹ 加入盐、鸡粉、白胡椒粉、芝麻油，稍稍搅拌至入味；关火后盛出煮好的汤，装入碗中即可。

小叮咛 韭菜含有蛋白质、脂肪、糖类、维生素B、维生素C等营养成分，具有补肾温阳、益肝健胃、行气理血等功效。

烹饪时间8分钟；口味辣

风味柴火豆腐

原料 ○3人份

豆腐250克，五花肉150克，朝天椒15克，蒜末、葱段各少许

调料

盐2克，鸡粉少许，香辣豆豉酱30克，生抽4毫升，食用油适量

做法

❶ 朝天椒切圈；五花肉切薄片；豆腐切开，再切长方块。

❷ 油起锅，放豆腐块，煎至两面焦黄。

❸ 另起锅，注入食用油烧热，放入肉片、蒜末，炒香；放入朝天椒圈，炒匀；放入香辣豆豉酱，炒出辣味；淋上生抽，注入少许清水，放入煎过的豆腐块，拌匀；大火煮沸，加入盐，放入鸡粉，拌匀调味。

❹ 盖上盖，转中小火煮约3分钟，至食材熟透；倒入葱段，大火炒出葱香味即可。

烹饪时间17分钟；口味鲜

芽菜肉末蒸豆腐

原料 ○5人份

豆腐600克，芽菜45克，肉末70克，葱花少许

调料

盐2克，鸡粉2克，料酒4毫升，生抽3毫升，老抽2毫升，芝麻油3毫升

做法

❶ 洗好的豆腐切成小块。

❷ 取一碗，倒入备好的肉末、芽菜、葱花；放入盐、鸡粉、料酒、生抽、老抽、芝麻油，调成馅料。

❸ 将豆腐块装入盘中，铺上馅料；将电蒸笼接通电源，注入适量清水至20标示线处；放上笼屉，放入豆腐块。

❹ 盖上盖，调节旋钮定时15分钟，开始蒸制；旋钮回至“关”挡位即断电；揭盖，将蒸好的豆腐取出即可。

烹饪时间3分钟；口味淡

西蓝花烧豆腐

原料 ○3人份

西蓝花150克，香干200克，红椒片、姜丝、葱段各少许

调料

盐3克，鸡粉2克，生抽4毫升，水淀粉、料酒各5毫升，食用油适量

做法

❶ 洗好的西蓝花切成小块；将香干切成片；锅中注入适量清水烧开，放入少许食用油、1克盐；倒入西蓝花，煮至断生；把焯煮好的西蓝花捞出，待用。

❷ 热锅注油，烧至四五成热，倒入香干，炸至微黄色；把炸好的香干捞出，装盘待用。

❸ 用油起锅，放入姜丝、葱段，爆香；加入红椒片，炒匀；倒入焯过水的西蓝花，炒匀；放入炸好的香干，炒匀。

❹ 加入2克盐、鸡粉，淋入料酒、生抽，炒匀调味；用水淀粉勾芡；关火后盛出炒好的菜肴，装入盘中即可。

小叮咛 西蓝花含有蛋白质、胡萝卜素、多种维生素和矿物质，具有保护心血管、降血脂、增强免疫力等功效。

烹饪时间3分钟；口味辣

青椒炒油豆腐

原料 ○2人份

油豆腐100克，青椒、红椒各20克，姜片、葱段、干辣椒各少许

调料

盐、鸡粉各2克，生抽2毫升，蚝油3克，料酒5毫升，水淀粉少许，食用油适量

做法

❶ 将油豆腐切小块；洗好的青椒、红椒切成小块，备用。

❷ 用油起锅，放入姜片，爆香；倒入青椒、红椒，炒匀；加入干辣椒，炒匀。

❸ 倒入油豆腐，翻炒匀；加入少许清水，炒匀；淋入料酒，加入盐、鸡粉、蚝油、生抽，炒匀调味。

❹ 放入葱段，炒匀；用水淀粉勾芡；关火后盛出炒好的菜肴，装入盘中即可。

烹饪时间1分钟；口味鲜

鸡蓉拌豆腐

原料 ○3人份

豆腐200克，熟鸡胸肉25克，香葱少许

调料

白糖2克，芝麻油5毫升

做法

❶ 洗净的香葱切葱花；洗好的豆腐切开，再切粗条，改切成小丁。

❷ 将熟鸡胸肉切片，再切条，改切成碎末，备用。

❸ 沸水锅中倒入豆腐，略煮一会儿，去除豆腥味；捞出焯煮好的豆腐，沥干水，装盘备用。

❹ 取一个碗，倒入备好的豆腐、鸡蓉、香葱；加入白糖、芝麻油稍微搅拌匀；将拌好的菜肴装入盘中即可。

茄汁豆腐鱼

烹饪时间8分钟；口味鲜

原料 ○5人份

鲈鱼500克，豆腐100克，姜片、香菜末、葱花各少许

调料

盐、鸡粉各2克，生粉4克，料酒5毫升，番茄酱、橄榄油、食用油各适量

做法

❶ 洗好的豆腐切开，再切成小块；在处理干净的鲈鱼两侧切两大块鱼肉。

❷ 剔除鱼骨，将鱼骨斩成小块，将鱼肉切成片，把鱼肉片装入碗中，加入盐、鸡粉、生粉、食用油，拌匀，腌渍10分钟至其入味。

❸ 用油起锅，放入姜片，爆香；放入鱼骨、料酒、清水、豆腐、橄榄油、番茄酱，拌匀；煮约2分钟至汤汁变白，加入盐、鸡粉，拌匀调味，捞出。

❹ 把鱼肉倒入锅中，搅匀，煮约1分钟至鱼肉熟透，把煮好的鱼肉和汤汁盛出，装入鱼骨、豆腐，撒上葱花、香菜末，放凉后即可食用。

小叮咛 鲈鱼含有蛋白质、不饱和脂肪酸、B族维生素、钙、磷、铁等营养成分，具有补肝肾、健脾胃、化痰止咳等功效。

烹饪时间6分30秒；口味鲜

橘皮鱼片豆腐汤

原料 ○3人份

草鱼肉260克，豆腐200克，橘皮少许

调料

盐2克，鸡粉、胡椒粉各少许

做法

❶ 将洗净的橘皮切开，再改切细丝；洗好的草鱼肉切片；洗净的豆腐切开，再切小方块。

❷ 锅中注入适量清水烧开，倒入豆腐块，拌匀；大火煮约3分钟，再加入盐、鸡粉拌匀调味，放入鱼肉片，搅散，撒上适量胡椒粉。

❸ 转中火煮约2分钟，至食材熟透，倒入橘皮丝，拌煮出香味。

❹ 关火后盛出煮好的豆腐汤，装在碗中即可。

烹饪时间8分钟；口味清淡

丝瓜豆腐汤

原料 ○3人份

豆腐250克，去皮丝瓜80克，姜丝、葱花各少许

调料

盐、鸡粉各1克，陈醋5毫升，芝麻油、老抽各少许

做法

❶ 洗净的丝瓜切厚片；洗好的豆腐切厚片，切粗条，改切成块。

❷ 沸水锅中倒入备好的姜丝；放入豆腐块，倒入丝瓜，稍煮片刻至沸腾。

❸ 加入盐、鸡粉、老抽、陈醋，将材料拌匀，煮约6分钟至熟透。

❹ 关火后盛出煮好的汤，装入碗中，撒上葱花，淋入芝麻油即可。

烹饪时间18分钟；口味清淡

酸梅酱烧老豆腐

原料 ○3人份

老豆腐250克，酸梅酱15克，瘦肉50克，去皮胡萝卜60克，姜片、蒜末各少许

调料

盐、鸡粉、白糖、生抽、老抽、料酒、水淀粉、食用油各适量

做法

❶ 胡萝卜切块状；老豆腐切成块；瘦肉去掉膜，切成块；装有豆腐的碗中注入清水，加入盐，浸泡10分钟；在装有瘦肉的碗中倒入盐、料酒，拌匀，腌渍15分钟。

❷ 锅中注入清水烧开，倒入胡萝卜，焯煮片刻，捞出。

❸ 用油起锅，倒入姜片、蒜末，爆香；放入瘦肉、生抽，翻炒至转色；倒入胡萝卜、豆腐，炒匀。

❹ 加入老抽、料酒、盐、鸡粉、白糖、酸梅酱，翻炒约2分钟至熟；关火，将炒好的菜肴盛出，装入盘中即可。

小叮咛 老豆腐含有蛋白质、脂肪、糖类、胡萝卜素、膳食纤维、钾、钙、铁、磷、镁及维生素E等营养成分，具有益气补血、清热润燥、生津止渴等功效。

烹饪时间31分钟；口味清淡

玉米拌豆腐

原料 ○3人份

玉米粒150克，豆腐200克

调料

白糖3克

做法

❶ 洗净的豆腐切厚片，切粗条，改切成丁。

❷ 蒸锅注清水烧开，放入装有玉米粒和豆腐丁的盘子。

❸ 加盖，用大火蒸30分钟至熟透；揭盖，关火后取出蒸好的食材。

❹ 备一盘，放入蒸熟的玉米粒、豆腐，趁热撒上白糖即可食用。

烹饪时间2分钟；口味清淡

豆瓣酱炒脆皮豆腐

原料 ○2人份

脆皮豆腐80克，青椒10克，红椒10克，蒜苗段、姜片、蒜末、葱段各少许

调料

鸡粉2克，生抽4毫升，水淀粉4毫升，豆瓣酱10克，食用油适量

做法

❶ 将脆皮豆腐切粗条，再切小块；洗净的青椒、红椒切开，去籽，再切成小块，备用。

❷ 热锅注油，倒入姜片、葱苗段、蒜末梗、蒜末，爆香；放入豆瓣酱，快速翻炒均匀；倒入脆皮豆腐，翻炒一会儿。

❸ 倒入蒜苗叶，加入鸡粉、生抽翻炒匀，倒入水淀粉；续炒一会儿，使食材更入味。

❹ 关火后将炒好的菜肴盛出，装入盘中即可。

煎豆腐皮卷

烹饪时间6分钟；口味香

原料 ○3人份

豆腐皮200克，白芝麻10克

调料

孜然粉、辣椒粉、甜面酱、食用油适量

做法

❶ 洗净的豆腐皮从中间切开成两张，重叠，再次从中间切开，再重叠，最后一次从中间切开成数张豆腐皮；将每张豆腐皮卷起，用牙签固定好，待用。

❷ 用油起锅，放入豆腐皮卷，用小火煎约3分钟至豆腐皮卷呈金黄色，给豆腐皮卷刷上少许甜面酱，撒上适量辣椒粉、孜然粉；翻面，同样加上甜面酱、辣椒粉和孜然粉，续煎1分钟至入味。

❸ 取小碗，倒入剩余甜面酱、辣椒粉和孜然粉，撒上白芝麻，制成酱料。

❹ 关火后盛出煎好的豆腐皮卷，装盘，食用时蘸上酱料即可。

小叮咛 豆腐皮主要由黄豆加工而成，含有植物蛋白、脂肪、糖类、钙、磷、钾等多种营养物质，具有补充营养、增强体质、促消化、防止动脉硬化等功效。

烹饪时间15分钟；口味鲜

鲜鱿蒸豆腐

原料 ○5人份

鱿鱼200克，豆腐500克，红椒10克，姜末、蒜末、葱花各少许

调料

盐2克，鸡粉2克，蒸鱼豉油5毫升

做法

❶ 红椒去籽，切成丁；鱿鱼切成圈，放入碗中；豆腐切成块，摆入盘中。

❷ 在装有鱿鱼的碗中倒入蒜末、姜末、红椒、葱花；再加入盐、鸡粉、蒸鱼豉油，搅拌均匀，腌渍10分钟至其入味；将鱿鱼圈铺在豆腐上，待用。

❸ 蒸锅中注入适量清水烧开，放入豆腐；盖上锅盖，用大火蒸15分钟至食材熟透。

❹ 关火后揭开锅盖，取出蒸好的食材，撒上葱花即可。

烹饪时间11分钟；口味鲜

肉末榨菜蒸豆腐

原料 ○2人份

豆腐200克，榨菜15克，肉末10克，蒜末、红椒粒、葱花各适量

调料

鸡粉2克，盐2克，料酒5毫升，生抽4毫升，食用油适量

做法

❶ 洗净的豆腐切成片，装盘；榨菜切碎。

❷ 用油起锅，倒入蒜末，爆香；加入备好的肉末，翻炒至松散；淋入料酒、生抽，翻炒提鲜；倒入榨菜，炒匀。

❸ 加入鸡粉、盐，翻炒调味；关火，将炒好的叶汁盛出装入盘中；将叶汁均匀地铺在豆腐片上，撒上红椒粒。

❹ 蒸锅上火烧开，放入豆腐，盖上锅盖，大火蒸10分钟至入味；掀开锅盖，将豆腐从锅中取出，撒上备好的葱花，即可食用。

烹饪时间2分钟；口味鲜

红油皮蛋拌豆腐

原料 ○3人份

皮蛋2个，豆腐200克，蒜末、葱花各少许

调料

盐、鸡粉各2克，陈醋3毫升，红油6毫升，生抽3毫升

做法

1. 洗好的豆腐切成厚片，再切成条，改切成小块；去壳的皮蛋切成瓣，摆入盘中，备用。
2. 取一个碗，倒入蒜末、葱花；加入盐、鸡粉、生抽；再淋入陈醋、红油，调匀，制成味汁。
3. 将豆腐放在皮蛋上，浇上调好的味汁。
4. 最后撒上葱花即可。

小叮咛 皮蛋富含铁质、甲硫氨酸、维生素E等营养成分，能泻热、醒酒、去大肠火，还可治眼疼、牙疼、高血压、耳鸣眩晕等症。

烹饪时间2分钟；口味鲜

青黄皮蛋拌豆腐

原料 ○3人份

内酯豆腐300克，皮蛋1个，熟鸡蛋1个，青豆15克，葱花少许

调料

鸡粉2克，生抽6毫升，香醋2毫升

做法

❶ 将内酯豆腐切开，再切成小块；熟鸡蛋去壳，切成小瓣，再切成小块；皮蛋去壳，切成小瓣，待用。

❷ 锅中注入适量清水，用大火烧开，倒入豆腐，略煮一会儿；将焯煮好的豆腐捞出，沥干水分，装盘备用。

❸ 锅中再倒入青豆，煮至熟透；将煮好的青豆捞出，沥干水分，待用。

❹ 取一个碟子，加入鸡粉、生抽、香醋，搅拌匀，制成味汁；在豆腐上放入皮蛋、鸡蛋、青豆，浇上调好的味汁，撒上葱花即可。

烹饪时间17分钟；口味鲜

紫菜笋干豆腐煲

原料 ○2人份

豆腐150克，笋干粗丝30克，虾皮10克，水发紫菜5克，枸杞5克，葱花2克

调料

盐、鸡粉各少许

做法

❶ 洗净的豆腐切片。

❷ 砂锅中注清水烧热，倒入笋干，放入虾皮，倒入豆腐，拌匀。

❸ 加入盐、鸡粉，拌匀；加盖，用大火煮15分钟至食材熟透。

❹ 揭盖，倒入枸杞、紫菜；加入盐、鸡粉，拌匀；关火后盛出煮好的汤，装在碗中，撒上葱花点缀即可。

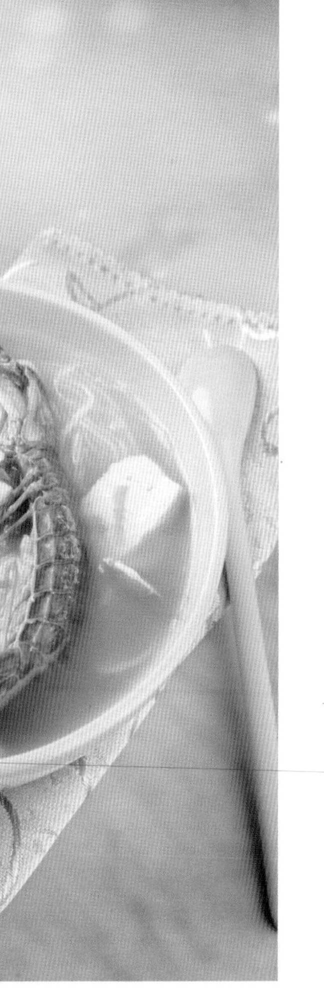

濑尿虾粉丝煮豆腐

烹饪时间7分钟；口味鲜

原料 ○3人份

粉丝15克，豆腐200克，濑尿虾300克，姜片、葱花各少许

调料

盐2克，鸡粉3克

做法

❶ 洗净的豆腐切厚片。

❷ 锅中注入适量清水烧开，倒入濑尿虾，汆煮片刻至虾变红；关火，将汆煮好的虾捞出，装入盘中备用。

❸ 锅中注入适量清水烧开，倒入虾、姜片、豆腐，拌匀；煮约5分钟至食材熟透；加入粉丝，拌匀，烧煮片刻至粉丝熟软。

❹ 加入盐、鸡粉，拌匀；关火后盛出煮好的菜肴，装入盘中，撒上葱花即可。

小叮咛 濑尿虾含有蛋白质、脂肪、肌苷酸、维生素、镁等营养成分，具有补肾、通乳、保护心血管、防止动脉硬化等功效。

烹饪时间7分钟；口味清淡

玉米豆花汤

原料 ○3人份

豆腐150克，胡萝卜50克，小白菜10克，玉米面30克

调料

盐2克，白糖3克

做法

❶ 洗净去皮的胡萝卜切片，切条，改切成丁；洗好的小白菜切成丁；洗净的豆腐横刀切开，再切成丁。

❷ 取一碗，倒入玉米面、清水，搅拌成糊状，待用。

❸ 锅中注入适量清水烧开，放入胡萝卜丁，拌匀；倒入调好的玉米糊，拌匀；加入豆腐，拌匀。

❹ 大火煮5分钟至食材熟透；倒入小白菜，拌匀；放入盐、白糖，拌匀；关火，将煮好的汤盛出装入碗中即可。

烹饪时间2分钟；口味清淡

油条豆腐脑

原料 ○3人份

豆腐花300克，油条15克，猪骨汤200毫升，香菜、胡萝卜粒各少许

调料

盐2克，生抽5毫升

做法

❶ 洗净的香菜切碎末。

❷ 油条切小块。

❸ 取一碗，倒入猪骨汤，放入豆腐花，放上油条、香菜。

❹ 加入少许胡萝卜粒做装饰，倒入盐、生抽即可。

烹饪时间23分钟；口味甜

卤汁油豆腐

原料 ○3人份

油豆腐300克，八角3个

调料

盐、鸡粉、白糖各1克，老抽1毫升，生抽3毫升，芝麻油5毫升，蜂蜜15毫升

做法

❶ 锅中注清水烧开，倒入油豆腐，稍煮片刻以去掉多余油脂；捞出煮过的油豆腐，装盘待用。

❷ 另起锅注清水，放入八角；淋入老抽、生抽，加入盐、鸡粉、白糖，拌匀；倒入油豆腐，用大火煮开后转小火卤20分钟至汤汁浓稠。

❸ 揭盖，倒入蜂蜜，将食材拌匀，稍煮片刻至入味。

❹ 关火后盛出煮好的油豆腐和适量汤汁，装在盘中，淋入芝麻油即可。

小叮咛 油豆腐含有蛋白质、多种氨基酸、不饱和脂肪酸、铁、钙及磷脂等多种营养物质，具有补充人体植物蛋白、增强体质等功效。

烹饪时间24分钟；口味咸

凉拌卤豆腐皮

原料 ○3人份

豆腐皮230克，黄瓜60克，卤水350毫升

调料

芝麻油适量

做法

❶ 洗净的豆腐皮切细丝；洗好的黄瓜切片，改切成丝。

❷ 锅置于火上，倒入卤水，放入豆腐皮，拌匀；加盖，大火烧开后转小火卤约20分钟至熟。

❸ 揭盖，关火后将卤好的材料倒入碗中，放凉后滤去卤水。

❹ 将豆腐皮放入碗中，倒入黄瓜，淋上芝麻油，用筷子搅拌均匀；将拌好的豆腐皮装入用黄瓜装饰的盘中即可。

烹饪时间3分30秒；口味鲜

核桃仁豆腐汤

原料 ○3人份

豆腐200克，核桃仁30克，肉末45克，葱花、蒜末各少许

调料

盐、鸡粉各2克，食用油适量

做法

❶ 将洗净的豆腐切开，再切小块；洗好的核桃仁切小块，备用。

❷ 用油起锅，倒入备好的肉末，炒至变色；注入适量清水，用大火略煮一会儿，撇去浮油。

❸ 待汤汁沸腾，撒上蒜末，倒入核桃仁、豆腐拌匀，用大火煮约2分钟，至食材熟透。

❹ 加入盐、鸡粉，拌匀，煮至食材入味；关火后盛出煮好的汤，装入碗中，点缀上葱花即可。

冬笋豆腐干炒猪皮

烹饪时间7分钟；口味鲜

原料 ○5人份

熟猪皮120克，韭黄65克，冬笋90克，彩椒30克，圆椒30克，猪瘦肉60克，豆腐干150克，姜片少许

调料

盐、鸡粉、白糖、生抽、料酒、水淀粉、食用油各适量

做法

❶ 圆椒、彩椒去籽，切块；豆腐干切三角块；冬笋切片；韭黄切段；猪瘦肉切片，加入盐、生抽、料酒、水淀粉，拌匀腌渍；将熟猪皮去油脂，切块。

❷ 锅中注入清水烧热，倒入冬笋，搅匀，煮约5分钟；倒入豆腐干，搅散，加入盐、食用油，搅拌片刻；倒入彩椒、圆椒，略煮一会儿，将煮好的食材捞出，沥干水分。

❸ 用油起锅，倒入姜片，爆香；放入猪皮、猪瘦肉、料酒，炒匀提鲜，倒入焯过水的食材，炒至食材变软；倒入韭黄，翻炒至其断生。

❹ 加入盐、白糖、鸡粉、水淀粉，炒至食材入味；盛出炒好的菜肴即可。

小叮咛 冬笋含有蛋白质、胡萝卜素、膳食纤维、维生素B_1、维生素B_2、钙、磷、铁等营养成分，具有增强免疫力、清热解毒、清肝明目、开胃健脾等功效。

烹饪时间12分钟；口味清淡

蔬菜浇汁豆腐

原料 ○3人份

豆腐170克，白菜35克，胡萝卜20克，洋葱15克，鸡汤300毫升

调料

食用油适量

做法

1. 豆腐切薄片；洋葱切成粒状；洗净去皮的胡萝卜切片，再切细条形，改切成粒；洗好的白菜切细丝，再切丁。
2. 取一蒸盘，放入豆腐，修齐边缘，待用；蒸锅上火烧开，放入蒸盘，盖上盖，用中火蒸约10分钟至其熟透；揭盖，取出豆腐，待用。
3. 煎锅置于火上烧热，注入少许食用油，倒入洋葱、胡萝卜，炒匀；放入白菜，炒至熟软；注入鸡汤拌匀，用大火略煮一会儿。
4. 关火后盛出味汁，浇在豆腐上即可。

烹饪时间6分钟；口味清淡

樱桃豆腐

原料 ○3人份

樱桃130克，豆腐270克

调料

盐2克，白糖4克，鸡粉2克，陈醋10毫升，水淀粉6毫升，食用油适量

做法

1. 洗好的豆腐切开，再切条形，改切成小方块，备用。
2. 煎锅上火烧热，淋入少许食用油，倒入豆腐，用小火煎出香味；翻转豆腐，煎至两面金黄色；关火后盛出豆腐块，待用。
3. 锅底留油烧热，注入少许清水；放入洗好的樱桃，加入盐、白糖、鸡粉、陈醋拌匀，用大火煮至沸，倒入豆腐，拌匀，煮至入味。
4. 用水淀粉勾芡；关火后盛出炒好的菜肴即可。

烹饪时间17分钟；口味鲜

辣酱焖豆腐鳕鱼

原料 ○4人份

鳕鱼肉270克，豆腐200克，青椒35克，红椒20克，蒜末、葱花各少许

调料

盐2克，生抽4毫升，料酒6毫升，生粉5克，辣椒酱、食用油各适量

做法

❶ 豆腐切成方块；洗净的青椒、红椒切开，去籽，改切成块；处理干净的鳕鱼肉切开，再切成小块。

❷ 煎锅置于火上，倒入少许食用油烧热，将鳕鱼块裹上生粉，放入油锅中，用中小火煎出香味，翻转鱼块煎至焦黄色；关火后盛出煎好的鳕鱼，待用。

❸ 用油起锅，放入蒜末，爆香；倒入青椒、红椒，翻炒均匀，放入辣椒酱，翻炒匀；注入适量清水，搅拌片刻，加入盐、生抽，放入鳕鱼、豆腐，淋入料酒。

❹ 盖上锅盖，烧开后用小火煮约15分钟至其入味；揭开锅盖，关火后盛出菜肴装入盘中，撒上葱花即可。

小叮咛 鳕鱼含有蛋白质、不饱和脂肪酸、维生素A、维生素D、维生素E、镁、钙、硒等营养成分，具有活血止痛、增强免疫力、降血糖、增进食欲等功效。

烹饪时间2分30秒；口味清淡

豆腐皮枸杞炒包菜

原料 ○3人份

包菜200克，豆腐皮120克，水发香菇30克，枸杞少许

调料

盐、鸡粉各2克，白糖3克，食用油适量

做法

1. 洗净的香菇切成粗丝；将豆腐皮切开，再切成片；洗好的包菜去除硬心，切开，再切成小块。
2. 锅中注入适量清水烧开，倒入豆腐皮，拌匀，略煮一会儿；捞出豆腐皮，沥干水分，待用。
3. 用油起锅，倒入香菇，炒香；放入包菜，炒至变软；倒入豆腐皮，撒上枸杞，炒匀炒透。
4. 加入盐、白糖、鸡粉翻炒均匀至食材入味；关火后盛出炒好的食材即可。

烹饪时间4分钟；口味鲜

鸡蛋包豆腐

原料 ○3人份

鸡蛋3个，豆腐230克，培根25克，彩椒10克，葱花少许

调料

盐3克，鸡粉少许，食用油适量

做法

1. 豆腐切成小块；彩椒切小块；培根切成小块；把鸡蛋打入碗中，加入少许盐、鸡粉，拌匀，调成蛋液，待用。
2. 煎锅置火上，注入适量食用油，烧至三四成热；倒入豆腐块，晃动煎锅，用小火煎约2分钟，至其呈焦黄色；撒上少许盐，倒入培根，轻轻翻炒一会儿，至散出香味。
3. 放入彩椒，炒至食材熟透，盛出装盘。
4. 用油起锅，倒入调好的蛋液，煎一会；倒入炒过的食材，炒匀；盛出炒好的菜肴，装入盘中撒上葱花即可。

西红柿炒冻豆腐

烹饪时间1分30秒；口味清淡

原料 ○3人份

冻豆腐200克，西红柿170克，姜片、葱花各少许

调料

盐、鸡粉各2克，白糖少许，食用油适量

做法

❶ 把洗净的冻豆腐掰开，撕成碎片；洗好的西红柿切成小瓣。

❷ 锅中注入适量清水烧开，放入冻豆腐，拌匀，煮约1分钟，捞出材料，沥干水分，待用。

❸ 用油起锅，撒上姜片，爆香；倒入西红柿瓣，快速翻炒匀，至其析出水分；倒入焯过水的豆腐翻炒匀，转小火，加入盐、白糖、鸡粉。

❹ 用中火炒匀，至食材熟软、入味；关火后盛出炒好的菜肴，装入盘中，撒上葱花即可。

小叮咛 冻豆腐含有蛋白质、膳食纤维、B族维生素、钙、磷、钾、镁、铁、锌等营养成分，具有益气和中、润燥生津、清热解毒等功效。

烹饪时间2分钟；口味辣

咖喱豆腐

原料 ○2人份

豆腐200克，姜片少许，豌豆40克，红小米椒15克

调料

咖喱粉7克，盐2克，生抽3毫升，水淀粉、食用油各适量

做法

❶ 豆腐切成小方块；红小米椒切圈；煎锅置于火上，淋入食用油，放入豆腐块，煎至两面呈金黄色，盛出装盘。

❷ 锅中注入清水烧开，放入豌豆，煮至断生后捞出，沥干水分。

❸ 用油起锅，放入姜片，爆香；倒入红小米椒圈、清水、豌豆、豆腐块，拌匀，略煮一会儿，加入盐、生抽。

❹ 撒上咖喱粉，炒匀；淋入少许水淀粉快速翻炒至食材入味；关火后盛出炒好的菜肴，装入盘中即可。

烹饪时间17分钟；口味鲜

东坡豆腐

原料 ○2人份

豆腐块160克，芦笋70克，水发香菇20克，彩椒10克，蛋液适量，姜丝少许

调料

盐、鸡粉各少许，老抽2毫升，生抽5毫升，生粉、食用油各适量

做法

❶ 芦笋切丁；彩椒、香菇切成丁；把蛋液放碗中，加入生粉、盐、豆腐块，将豆腐块均匀地裹上蛋糊。

❷ 热锅注油，倒入豆腐块，炸至金黄色；捞出材料，沥干油，待用。

❸ 用油起锅，放入姜丝，爆香；放入芦笋丁、彩椒丁、香菇丁、清水、生抽、盐、鸡粉、老抽、豆腐块，拌匀。

❹ 盖上锅盖，焖至食材入味，轻轻拌匀，转大火略煮，至汤汁收浓；关火后盛出焖好的菜肴，装入盘中即可。

烹饪时间6分钟；口味清淡

海带豆腐冬瓜汤

原料 ○4人份

豆腐170克，冬瓜200克，水发海带丝120克，姜丝、葱丝各少许

调料

盐、鸡粉各2克，胡椒粉少许

做法

❶ 将洗净的豆腐切开，改切条形，再切小方块；洗净的冬瓜切小块，备用。

❷ 锅中注入适量清水烧开，撒上姜丝、葱丝；放入冬瓜块，倒入豆腐块，再放入洗净的海带丝，拌匀。

❸ 用大火煮约4分钟，至食材熟透，加入盐、鸡粉；撒上适量胡椒粉，搅拌均匀，略煮一会儿至汤汁入味。

❹ 关火后盛出煮好的汤，装入碗中即可。

小叮咛 冬瓜含有蛋白质、B族维生素、维生素C、钾、钙、铁、磷等营养成分，具有减肥降脂、润肤美容、促进肠道蠕动等功效。

烹饪时间2分钟；口味清淡

农家葱爆豆腐

原料 ○3人份

豆腐300克，大葱35克，红椒12克，青椒10克，姜片少许

调料

盐3克，鸡粉、白糖各少许，生抽4毫升，水淀粉、食用油各适量

做法

❶ 豆腐切长方块；大葱用斜刀切段；洗净的红椒、青椒去籽，改切片。

❷ 煎锅置火上，淋入食用油，放入豆腐块，煎至金黄色，盛出煎好的豆腐块。

❸ 用油起锅，放入姜片，爆香；倒入大葱段，放入青椒片、红椒片，炒匀；倒入煎好的豆腐块，炒匀，注入适量清水，略煮一会儿。

❹ 加入盐、白糖、鸡粉，淋入生抽炒匀，倒入水淀粉，炒至食材入味；盛出炒好的菜肴即可。

烹饪时间17分钟；口味清淡

白菜炖豆腐

原料 ○3人份

冻豆腐150克，白菜100克，水发粉丝90克，姜片、葱花各少许，高汤450毫升

调料

盐3克，鸡粉2克，料酒4毫升，食用油适量

做法

❶ 将洗净的白菜切去根部；洗好的冻豆腐切开，改切长条块，备用。

❷ 砂锅置火上，倒入少许食用油烧热，放入姜片，爆香；注入备好的高汤，用大火略煮，至汤汁沸腾；倒入白菜、冻豆腐，再注入少许清水。

❸ 加入盐、鸡粉，淋入料酒，拌匀；放入备好的粉丝，搅拌匀；盖上盖，转小火煮约15分钟，至食材熟透。

❹ 揭盖，搅拌几下，再转大火略煮片刻；关火后盛出炖好的菜肴，装入盘中，撒上葱花即可。

黑椒豆腐盒

烹饪时间8分钟；口味辣

原料 ○3人份

豆腐300克，鲜香菇55克，洋葱60克，红椒15克，姜末、蒜末、葱花各少许

调料

盐、鸡粉各少许，黑胡椒粉2克，生抽3毫升，水淀粉、食用油各适量

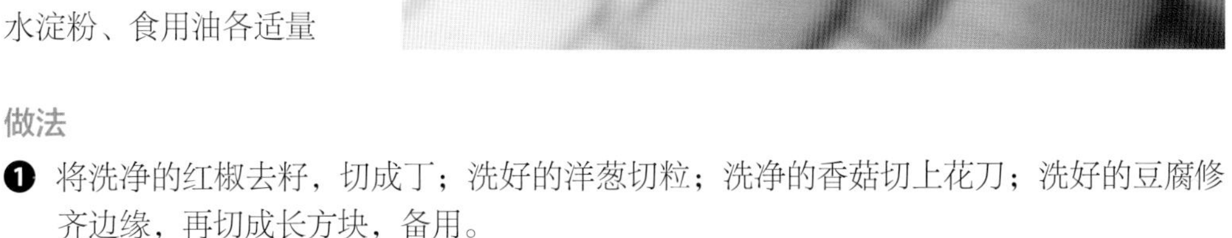

做法

❶ 将洗净的红椒去籽，切成丁；洗好的洋葱切粒；洗净的香菇切上花刀；洗好的豆腐修齐边缘，再切成长方块，备用。

❷ 煎锅置火上，淋入少许食用油，烧至三四成热；放入豆腐，晃动煎锅，煎出香味；豆腐块翻面，用中小火煎约3分钟，至两面呈金黄色；关火后盛出煎熟的豆腐，装入盘中，待用。

❸ 用油起锅，撒上姜末、蒜末，爆香；倒入洋葱末炒出香味，注入适量清水，放入香菇，用大火煮沸，加入少许盐、鸡粉、生抽，拌匀调味。

❹ 倒入煎好的豆腐块，撒上黑胡椒粉，拌匀；转中火煮约2分钟，至食材入味，用水淀粉勾芡；转大火收汁，撒上葱花，放入红椒末，煮出香味；盛出菜肴即可。

小叮咛 香菇含有蛋白质、脂肪、维生素 B_1、尼克酸、钙、铁、磷等营养成分，具有延缓衰老、防癌抗癌、降血压等功效。

烹饪时间7分钟；口味清淡

素酿豆腐

原料 ○3人份

豆腐块145克，金针菇100克，马蹄肉120克，鲜香菇35克，榨菜25克，彩椒适量，杏鲍菇65克，姜末、葱花各少许

调料

盐3克，鸡粉2克，生抽5毫升，水淀粉、食用油各适量

做法

❶ 彩椒、香菇、杏鲍菇切丁；榨菜、马蹄肉切末；金针菇切段；豆腐块中间挖出凹槽。

❷ 用油起锅，倒入部分杏鲍菇、马蹄肉、香菇丁、金针菇、榨菜碎，炒匀；加清水、盐、鸡粉、生抽、水淀粉拌匀，制成酱菜。

❸ 取一碗，倒入彩椒丁以及余下的食材和调料，拌匀，制成馅料。

❹ 取备好的豆腐块，盛入馅料，制成生坯，煎熟，装盘放上酱菜即成。

烹饪时间12分钟；口味清淡

豆腐泡烧冬瓜

原料 ○3人份

冬瓜200克，油豆腐75克，蒜末少许，鸡汤70毫升

调料

盐2克，鸡粉1克，水淀粉、食用油各适量

做法

❶ 将洗净去皮的冬瓜切厚片，再切成小块；将油豆腐对半切开，备用。

❷ 用油起锅，放入备好的蒜末，爆香；倒入冬瓜块，炒匀，注入鸡汤，放入油豆腐，炒匀，加入盐，炒匀。

❸ 盖上盖，用中小火焖约10分钟，至食材熟透；揭盖，加入鸡粉，炒匀调味。

❹ 用水淀粉勾芡，使汤汁收浓；关火后盛出焖煮好的菜肴，装入盘中即可。

烹饪时间43分钟；口味鲜

鲜虾豆腐煲

原料 ○3人份

豆腐160克，虾仁65克，上海青85克，咸肉75克，干贝25克，姜片、葱段各少许，高汤350毫升

调料

盐2克，鸡粉少许，料酒5毫升

做法

1. 虾仁去除虾线；上海青切小瓣；豆腐切小块；咸肉切片。
2. 锅中注入清水烧开，倒入上海青，煮至断生，捞出；沸水锅中再倒入咸肉片，淋入2毫升料酒，煮约1分钟，去除多余盐分，捞出肉片，沥干水分，待用。
3. 砂锅置火上，倒入备好的高汤，放入洗净的干贝；倒入汆过水的肉片，撒上姜片、葱段，淋入3毫升料酒；盖上盖，烧开后用小火煮约30分钟，至食材变软。
4. 揭盖，加入盐、鸡粉、虾仁、豆腐块，拌匀；再盖上盖，续煮约10分钟，至食材熟透；关火后揭盖，搅拌均匀，放入焯熟的上海青，端下砂锅即可。

小叮咛 上海青含有蛋白质、粗纤维、维生素A、维生素B_1、维生素B_2、维生素C、钙、磷、铁等营养成分，具有改善便秘、保持血管弹性、增强免疫力等功效。

烹饪时间3分钟；口味酸

酸甜脆皮豆腐

原料 ○3人份

豆腐250克，生粉20克，酸梅酱适量

调料

白糖3克，食用油适量

做法

❶ 将洗净的豆腐切开，再切长方块，滚上一层生粉，制成豆腐生坯，待用。

❷ 取酸梅酱，加入白糖，拌匀，调成味汁，待用。

❸ 热锅注油，烧至四五成热，放入豆腐轻轻搅匀，用中小火炸约2分钟，至食材熟透。

❹ 关火后捞出豆腐块，沥干油，装入盘中，浇上味汁即可。

烹饪时间6分钟；口味清淡

锅塌酿豆腐

原料 ○3人份

豆腐300克，肉末馅160克，豌豆85克，水发香菇100克，胡萝卜65克，蛋液55克，高汤150毫升，葱花少许

调料

盐、鸡粉各2克，蚝油5克，水淀粉、生粉、食用油各适量

做法

❶ 胡萝卜切丁；香菇切丁；洗净的豆腐修齐边缘，切上刀花，再切厚片。

❷ 取豆腐片，盛入肉末馅，夹紧；再依次滚上蛋液和生粉，制成豆腐盒生坯。

❸ 煎锅置火上，注食用油烧热，放生坯，煎至两面金黄；注部分高汤煮熟，盛出。

❹ 另起锅，注入食用油烧热，倒入香菇丁、胡萝卜丁、豌豆、剩余高汤，加入盐、蚝油、鸡粉、水淀粉，拌匀，制成酱菜，浇在豆腐盒上，撒上葱花即可。

青菜豆腐炒肉末

烹饪时间5分钟；口味鲜

原料 ○4人份

豆腐300克，上海青100克，肉末50克，彩椒30克

调料

盐、鸡粉各2克，料酒、水淀粉、食用油各适量

做法

❶ 洗好的豆腐切成丁；洗净的彩椒切条，再切成块；洗好的上海青切条，再切小块，备用。

❷ 锅中注入适量清水烧热，倒入豆腐，略煮一会儿，去除豆腥味；捞出焯煮好的豆腐，装盘待用。

❸ 用油起锅，倒入肉末，炒至变色；倒入适量清水，拌匀；加入料酒，倒入豆腐、上海青、彩椒，炒约3分钟至食材熟透。

❹ 加入盐、鸡粉，倒入少许水淀粉，翻炒匀；关火后盛出炒好的菜肴，装盘即可。

小叮咛 上海青含有蛋白质、糖类、粗纤维、胡萝卜素、B族维生素、铁、钙、磷等营养成分，具有抑制溃疡、改善便秘等功效。

烹饪时间5分钟；口味鲜

西红柿肉酱烩豆腐

 ○4人份

原料

豆腐200克，西红柿200克，肉末80克

调料

盐、鸡粉各2克，豆瓣酱5克，水淀粉5毫升，食用油适量

做法

❶ 洗好的豆腐切厚片，再切成块；洗净的西红柿切开，再切瓣，改切成小块，备用。

❷ 沸水锅中倒入豆腐，加入盐，略煮一会儿至其断生；捞出焯煮好的豆腐。

❸ 用油起锅，倒入肉末，炒至变色；放入西红柿，炒匀；加入豆瓣酱，炒约2分钟；倒入焯过水的豆腐，加入适量清水。

❹ 放入鸡粉，炒约1分钟至食材熟透；用水淀粉勾芡；关火后盛出炒好的菜肴，装入盘中即可。

烹饪时间5分钟；口味淡

紫菜马蹄豆腐汤

原料 ○4人份

水发紫菜80克，马蹄肉200克，豆腐200克，姜片、香菜各少许

调料

盐2克，鸡粉2克，料酒、胡椒粉、食用油各适量

做法

❶ 洗净的豆腐切条，再切成块；洗净的马蹄肉切片，备用。

❷ 用油起锅，放入姜片，爆香，淋入料酒；注入适量清水烧开，倒入备好的马蹄、豆腐，煮约3分钟。

❸ 加入盐、鸡粉，放入紫菜，煮约1分钟；撒入胡椒粉，拌匀。

❹ 关火后盛出煮好的汤，装入碗中，撒入香菜即可。

烹饪时间3分钟；口味淡

菠菜豆腐皮卷

原料 ○5人份

菠菜200克，豆腐皮300克，蛋清少许

调料

盐2克，鸡粉2克，白糖2克，水淀粉10毫升，食用油适量

做法

❶ 洗净的豆腐皮切成约4厘米宽的长条；洗好的菠菜切成长段。

❷ 锅中注入适量清水烧开，淋入少许食用油，放入菠菜，拌匀，煮至软，将菠菜捞出，备用。

❸ 取豆腐皮，放在案板上，摊开，放入菠菜，卷好，制成豆腐皮卷生坯；将豆腐皮卷生坯装入盘中，放入烧开的蒸锅中；盖上盖，用大火蒸2分钟，揭盖，取出蒸盘备用。

❹ 锅中注入适量清水烧开，放入盐、鸡粉、白糖，拌匀，煮至沸，用水淀粉勾芡；放入蛋清，拌匀，把芡汁浇在豆腐皮卷上即可。

小叮咛 菠菜含有蛋白质、维生素C、胡萝卜素、铁、钙、磷等营养成分，具有补血止血、利五脏、调中气、活血脉等功效。

烹饪时间7分钟；口味鲜

脆皮茄汁豆腐

原料 ○3人份

豆腐200克，西红柿80克，芹菜70克，青椒70克，鸡蛋2个

调料

盐、白糖各2克，番茄酱10克，白醋2毫升，生粉、食用油各适量

做法

❶ 洗好的青椒对半切开，再切小块；洗净的西红柿切小块；洗好的豆腐切片，再切小块；洗净的芹菜切成粒。

❷ 将鸡蛋打入碗中，打散，调匀，制成蛋液；将豆腐块裹上蛋液，再裹上生粉。

❸ 热锅注入食用油，烧至五六成热，放入处理过的豆腐块，炸至金黄色后捞出。

❹ 锅底留油烧热，倒入西红柿，炒匀，加入芹菜粒、青椒，炒匀；加入白醋、番茄酱，放入盐、白糖、豆腐，炒匀，盛出炒好的菜肴即可。

烹饪时间9分钟；口味鲜

虾仁蒸豆腐

原料 ○2人份

虾仁80克，豆腐块300克，姜片、葱段、葱花各少许

调料

盐3克，鸡粉2克，生粉5克，白糖2克，蚝油3克，料酒10毫升，水淀粉少许，食用油适量

做法

❶ 虾仁由背部划开，挑去虾线，虾仁装碗中，加入1克盐、1克鸡粉、5毫升料酒、生粉、食用油，拌匀，腌渍10分钟至其入味。

❷ 豆腐块装盘，撒上1克盐，放入烧开的蒸锅中，蒸5分钟至熟，取出蒸好的豆腐。

❸ 用油起锅，放入姜片、葱段、葱花，爆香；倒入虾仁、清水、1克盐、1克鸡粉、白糖、蚝油，炒匀，淋入5毫升料酒，炒匀。

❹ 用水淀粉勾芡，将虾仁盛出；在豆腐上放上虾仁，再淋上锅中剩余的汁即可。

蜜汁叉烧豆腐

烹饪时间6分钟；口味甜

原料 ○3人份

豆腐300克，叉烧酱80克，葱段、姜片各少许，熟白芝麻适量

调料

盐、鸡粉、白糖各2克，料酒5毫升，水淀粉10毫升，油、蜂蜜各适量

做法

❶ 洗好的豆腐沿对角线切开，切成小三角状。

❷ 热锅注油，烧至五六成热，放入豆腐块，炸至金黄色，把炸好的豆腐块捞出，装盘待用。

❸ 锅底留油，放入姜片、葱段，爆香；淋入料酒，注入少许清水，放入叉烧酱，炒匀，加入盐、鸡粉、白糖，拌匀；倒入蜂蜜，放入炸好的豆腐块，炒匀。

❹ 倒入水淀粉，炒匀；关火后盛出炒好的菜肴，装入盘中，撒上白芝麻即可。

小叮咛 豆腐含有多种人体所需的氨基酸，以及不饱和脂肪酸、卵磷脂等营养成分，具有保护肝脏、促进机体代谢、增强免疫力等功效。

烹饪时间2分钟；口味酸

香油拌豆腐皮

 ○3人份

豆腐皮180克，青椒40克，红椒40克，蒜末、葱花各少许

调料

鸡粉2克，盐2克，白糖3克，陈醋4毫升，芝麻油4毫升

做法

❶ 将洗净的豆腐皮切成丝；洗净的青椒、红椒切段，切开去籽，切成丝。

❷ 锅中注入适量的清水大火烧开，倒入豆腐皮，搅匀，煮约半分钟；将食材捞出，沥干水分，待用。

❸ 取一个碗，倒入蒜末，放入青椒丝、红椒丝、豆腐皮，拌匀；加入鸡粉、盐、白糖，淋入陈醋、芝麻油，搅拌均匀。

❹ 将拌好的豆腐皮装入盘中，撒上葱花即可。

烹饪时间3分钟；口味鲜

香葱皮蛋拌豆腐

原料 ○3人份

皮蛋2个，豆腐200克，香菜、蒜末、葱花各少许

调料

盐、鸡粉各2克，芝麻油3毫升，生抽、辣椒油各5毫升，陈醋8毫升

做法

❶ 洗好的豆腐切粗片，再切小块；洗净的香菜切成末；洗好的皮蛋去壳，再切成小块，备用。

❷ 锅中注入适量清水烧开，倒入豆腐，煮约1分钟，把煮好的豆腐捞出，备用。

❸ 取一个玻璃碗，放入陈醋、辣椒油、蒜末、葱花、香菜，拌匀；加入盐、鸡粉、生抽、芝麻油，倒入皮蛋、豆腐，拌匀。

❹ 盛出拌好的食材，装入盘中，撒上葱花即可。

烹饪时间23分钟；口味清淡

玉竹扒豆腐

原料 ○3人份

豆腐120克，水发玉竹10克，高汤200毫升，姜片、葱段各少许

调料

盐、鸡粉各2克，水淀粉、食用油各适量

做法

❶ 洗净的豆腐切条，再切小方块，备用；砂锅中注清水烧热，倒入玉竹，盖上盖，烧开后用小火煮约20分钟至其析出有效成分；盛出药汁，滤入碗中，待用。

❷ 锅中注入适量清水烧开，倒入豆腐块，拌匀，略煮一会儿；捞出豆腐，沥干水分，待用。

❸ 用油起锅，放入姜片、葱段，爆香；倒入药汁、高汤；加入盐、鸡粉，拌匀，煮至沸；放入豆腐，用中火略煮一会儿，至其入味。

❹ 倒入适量水淀粉，翻炒均匀，至汤汁收浓；关火后盛出锅中的菜肴即可。

小叮咛 玉竹含有淀粉、维生素A、维生素C、胡萝卜素等营养成分，具有滋阴润肺、养胃生津、补中益气等功效。

烹饪时间6分钟；口味清淡

西红柿奶酪豆腐

原料 ○3人份

西红柿200克，豆腐80克，奶酪35克

调料

盐少许，食用油适量

做法

❶ 洗好的豆腐切成长方块，备用；洗净的西红柿切成小瓣，去皮，切成丁；奶酪切片，再切条形，改切成碎末，备用。

❷ 煎锅置于火上，淋入少许食用油烧热；放入豆腐块，用小火煎出香味；翻转豆腐块，晃动煎锅煎至两面呈金黄色。

❸ 撒上奶酪碎，倒入西红柿，撒上少许盐，略煎片刻，至食材入味。

❹ 关火后将煎好的食材盛出，装入盘中即可。

烹饪时间22分钟；口味鲜

鲢鱼头炖豆腐

原料 ○3人份

鲢鱼头270克，豆腐200克，香菜、姜片、葱段各少许

调料

盐、鸡粉各2克，胡椒粉1克，料酒6毫升，食用油少许

做法

❶ 洗好的豆腐切条，再切小方块；洗净的香菜切段。

❷ 煎锅置于火上，倒入食用油烧热；放入鲢鱼头，煎至两面断生，放入姜片、葱段，炒香，将煎好的鱼头盛入砂锅中。

❸ 砂锅置于火上，注入适量温开水，倒入豆腐块，放入香菜梗；加入盐、料酒，烧开后用小火炖约20分钟。

❹ 揭开盖，加入鸡粉、胡椒粉，拌匀调味；关火后盛出锅中的菜肴，装入碗中，点缀上香菜叶即可。

清爽豆腐汤

烹饪时间17分钟；口味清淡

原料 ○3人份

豆腐260克，小白菜65克

调料

盐2克，芝麻油适量

做法

❶ 洗净的小白菜切除根部，再切成丁；洗好的豆腐切片，再切成细条，改切成小丁块，备用。

❷ 锅中注入适量清水烧开，倒入豆腐、小白菜，搅拌匀。

❸ 盖上盖，烧开后用小火煮约15分钟至食材熟软；揭开盖，加入盐、芝麻油拌匀调味。

❹ 关火后盛出豆腐汤即可。

小叮咛 小白菜含有维生素C、叶酸、铁、镁、铜、钙、磷等营养成分，具有补中益气、清热润燥、生津止渴、清洁肠胃等功效。

烹饪时间18分钟；口味鲜

燕窝百花豆腐

原料 ○3人份

新鲜墨鱼、虾仁、白菜、豆腐、水发燕窝、蛋清、鲜汤各适量

调料

盐、鸡粉、料酒、水淀粉各适量

做法

❶ 虾仁切成泥；墨鱼撕去外层的薄膜，剁成细末；白菜切成碎末；豆腐切成长方形，在中间挖出方形孔洞。

❷ 锅中注清水烧开，放白菜，煮至断生捞出。

❸ 虾泥装碗，加墨鱼、白菜、盐、鸡粉、料酒、部分蛋清、水淀粉，拌匀，制成馅料；豆腐装蒸盘，馅料放方形孔洞中，放燕窝。

❹ 蒸锅置于火上烧开，放蒸盘，蒸煮15分钟，取出；锅置于火上烧热，倒入鲜汤、盐、鸡粉、水淀粉、剩余蛋清，拌匀，调成味汁，浇在蒸好的菜肴上即可。

烹饪时间7分钟；口味淡

香菇腐竹豆腐汤

原料 ○3人份

香菇块80克，腐竹段100克，豆腐块150克，葱花少许

调料

料酒8毫升，盐、鸡粉、胡椒粉各2克，食用油、芝麻油各适量

做法

❶ 锅中注入适量食用油，烧至六成热，倒入洗净的香菇、腐竹，翻炒均匀；淋入料酒，炒匀。

❷ 向锅中加入适量清水，盖上盖，煮约3分钟；揭开盖，倒入洗净的豆腐。

❸ 再盖上盖，续煮约2分钟至食材熟透；揭开盖，加入盐、鸡粉，淋入少许芝麻油，加入胡椒粉，拌匀调味。

❹ 盛出煮好的汤，装入碗中，撒上葱花即可。

烹饪时间7分钟；口味淡

雪里蕻豆腐汤

原料 ○5人份

豆腐块300克，雪里蕻末250克，姜片、葱花各少许

调料

鸡粉2克，食用油适量

做法

1. 锅中注入适量食用油，烧至六成热，放入姜片，倒入雪里蕻末，翻炒均匀。
2. 锅中注入适量清水，搅拌匀，煮约2分钟至沸。
3. 揭开盖，倒入豆腐，加入鸡粉，搅拌均匀，再盖上盖，续煮约3分钟至食材熟透。
4. 搅拌均匀，盛出煮好的汤，装入碗中，撒上葱花即可。

小叮咛 雪里蕻含有蛋白质、胡萝卜素、维生素B_1、维生素B_2、维生素C等营养成分，具有增强肠胃消化功能、增进食欲、清热解毒等功效。

烹饪时间3分钟；口味淡

苋菜嫩豆腐汤

原料 ○3人份

苋菜叶120克，豆腐块150克，姜片、葱花各少许

调料

盐2克，食用油少许

做法

❶ 锅中注入适量清水烧开，倒入洗净的豆腐，搅拌匀，煮约1分30秒后捞出，装盘备用。

❷ 锅中注入适量食用油，放入姜片，爆香；倒入苋菜叶，翻炒至熟软。

❸ 向锅中加入适量清水，搅拌匀，盖上盖，煮约1分钟；揭开盖，倒入焯煮好的豆腐，搅拌匀。

❹ 加入盐，拌匀调味；盛出煮好的汤，装入碗中，撒上葱花即可。

烹饪时间9分钟；口味淡

平菇豆腐开胃汤

原料 ○3人份

平菇片200克，豆腐块180克，姜片、葱花各少许

调料

盐、鸡粉各2克，料酒、食用油各少许

做法

❶ 锅中注入适量食用油，烧至六成热，放入姜片，爆香；倒入洗净的平菇，翻炒均匀。

❷ 淋入少许料酒，加入适量清水，盖上盖，煮约2分钟至沸腾。

❸ 揭开盖，倒入豆腐，拌匀，再盖上盖，续煮约5分钟至食材熟透。

❹ 揭开盖，加入盐、鸡粉，拌匀调味；盛出煮好的汤，装入碗中，撒上葱花即可。

家常三鲜豆腐

烹饪时间5分钟；口味鲜

原料 ○3人份

胡萝卜片50克，豆腐块150克，上海青45克，香菇30克，虾米15克，葱花少许

调料

盐、鸡粉各3克，胡椒粉2克，料酒、芝麻油、食用油各适量

做法

1. 锅中注入适量清水烧开，加入1克盐，搅拌使其熔化。
2. 倒入洗净的豆腐块，搅拌均匀，煮约1分钟，捞出焯煮好的豆腐，装盘备用。
3. 热锅中注入适量食用油，放入虾米、香菇，炒香；锅中加入适量清水，放入胡萝卜、豆腐，搅拌均匀。
4. 加入2克盐、鸡粉，淋入适量料酒，拌匀调味；盖上盖，煮至沸，倒入洗净的上海青，搅拌匀；加入胡椒粉，淋入适量芝麻油，拌匀，煮熟撒上葱花即可。

小叮咛 胡萝卜含有蛋白质、脂肪、铁、维生素A、胡萝卜素等营养成分，有益肝明目、降糖降脂、增强免疫力等功效。

烹饪时间10分钟；口味鲜

椒盐煎豆腐

原料 ○3人份

豆腐270克，鸡蛋1个

调料

盐2克，黑胡椒粉少许，生粉、食用油各适量

做法

❶ 洗净的豆腐切成长方块，改切三角块，再切成片；把豆腐放入盘中，撒上盐，加入适量生粉，腌渍约5分钟。

❷ 鸡蛋打入碗中，打散调匀，制成蛋液，待用。

❸ 煎锅置于火上烧热，倒入适量食用油；转小火，将豆腐裹上蛋液，放入煎锅中，用中火煎约2分钟，煎至焦黄色；翻转豆腐块，用小火煎约2分钟，至两面熟透。

❹ 撒上黑胡椒粉，煎至入味；关火后取出煎好的豆腐，摆放在盘中即可。

烹饪时间3分30秒；口味酸

山楂豆腐

原料 ○3人份

豆腐350克，山楂糕95克，姜末、蒜末、葱花各少许

调料

盐2克，鸡粉2克，老抽2毫升，生抽3毫升，陈醋6毫升，白糖3克，水淀粉、食用油各适量

做法

❶ 山楂糕切成小块，豆腐切小块。

❷ 热锅注油，烧至四五成热，放入豆腐，炸约1分30秒；放入山楂糕，搅散，炸干水分；将炸好的食材捞出，沥干油。

❸ 锅底留油烧热，倒入姜末、蒜末，爆香；注入少许清水，加入生抽、鸡粉、盐；放入陈醋、白糖，炒匀调味。

❹ 倒入炸好的食材，炒匀，淋入老抽，炒匀上色；炒至入味，倒入水淀粉，盛出炒好的食材，撒上葱花即可。

烹饪时间3分钟；口味鲜

菌菇豆腐汤

原料 ○3人份

白玉菇75克，水发黑木耳55克，鲜香菇20克，豆腐250克，鸡蛋1个，葱花少许

调料

盐、胡椒粉各3克，鸡粉2克，食用油、芝麻油各少许

做法

❶ 白玉菇切去根部，切成小段；香菇切成小块；豆腐切成小方块；黑木耳切成小块；鸡蛋打碗中，拌匀，制成蛋液。

❷ 锅中注入适量清水烧热，加入1克盐，倒入豆腐块，拌匀，煮1分钟；倒入木耳，拌匀，再煮约1分钟；捞出煮好的材料，沥干水分，装盘待用。

❸ 锅中注入清水烧开，加入2克盐、鸡粉、食用油；放入焯过水的材料，放入香菇、白玉菇，拌匀，煮约1分30秒。

❹ 揭开盖，撒上胡椒粉，拌匀；倒入蛋液，拌至浮现蛋花；淋入芝麻油，搅拌均匀，盛出煮好的汤，撒上葱花即可。

小叮咛 白玉菇含有大量蛋白质、维生素、铁、钾、磷等营养成分，具有增强免疫力、止痰化咳、通便排毒等功效。

烹饪时间2分钟；口味清淡

蘑菇竹笋豆腐

原料 ○4人份

豆腐400克，竹笋50克，口蘑60克，葱花少许

调料

盐少许，水淀粉4毫升，鸡粉2克，生抽、老抽、食用油各适量

做法

❶ 洗净的豆腐切块；洗好的口蘑切成丁；去皮洗净的竹笋切成丁。

❷ 锅中注入清水烧开，放入盐、口蘑、竹笋，拌匀，煮1分钟；放入豆腐，略煮片刻，把焯好的食材捞出，沥干水分。

❸ 锅中倒入食用油，放入焯过水的食材，翻炒匀。

❹ 加入清水、盐、鸡粉、生抽、老抽、水淀粉，翻炒均匀；把炒好的食材盛出，装入盘中，撒上葱花即可。

烹饪时间2分钟；口味鲜

玛瑙豆腐

原料 ○3人份

豆腐300克，熟咸蛋1个，葱花少许

调料

盐2克，鸡粉2克，生抽2毫升，芝麻油7毫升，食用油适量

做法

❶ 洗净的豆腐切成条，再切成小块；熟咸蛋剥去蛋壳，切成小块，切碎。

❷ 锅中注入清水烧开，加入1克盐、食用油、豆腐块，搅匀，焯1分钟，捞出焯好的豆腐，沥干水分。

❸ 取一个碗，放入豆腐，撒上咸蛋碎、葱花，加入1克盐、鸡粉，淋入生抽、芝麻油。

❹ 用筷子搅拌片刻，将豆腐搅匀、搅碎，将拌好的食材倒入盘中即可。

雪里蕻炖豆腐

烹饪时间5分钟；口味鲜

原料 ○4人份

雪里蕻220克，豆腐150克，肉末65克，姜末、葱花各少许

调料

盐少许，生抽2毫升，老抽1毫升，料酒2毫升，水淀粉、食用油各适量

做法

❶ 洗净的雪里蕻切成碎末；洗好的豆腐切条形，改切成方块。

❷ 锅中注入清水烧开，加入盐，倒入豆腐块，拌匀，焯约1分30秒，捞出豆腐块，沥干水分。

❸ 用油起锅，倒入肉末，炒至松散；淋入生抽，炒香，撒上姜末，炒匀；淋入料酒，炒匀，倒入雪里蕻，炒至变软。

❹ 加入清水、豆腐块，炒匀；放入老抽、盐，炒匀，续煮一会儿至入味，倒入水淀粉勾芡，翻炒匀，至食材入味；将锅中的食材装入碗中，撒上葱花即可。

小叮咛 雪里蕻含有蛋白质、维生素C，以及钙、磷、铁等矿物质元素，有解毒消肿、开胃消食、温中理气、明目利膈、提神醒脑等功效。

腐竹

【归经】入肺经

【性味】性平，味甘

【热量】1921千焦/100克

营养在线

腐竹具有良好的健脑作用，能预防老年痴呆症的发生。此外，能降低血液中胆固醇的含量，达到防治高脂血症、动脉硬化的效果。其中的大豆皂苷有抗炎、抗溃疡等作用。

食用建议

适合一般人群，不宜于肾炎、肾功能不全、糖尿病酮症酸中毒、痛风患者及正在服用四环素、优降灵等药的人。

相宜搭配

✔腐竹+猪肝

促进人体对维生素的吸收

✔腐竹+黑木耳

补气健胃

✔腐竹+蘑菇

增强营养吸收

✔腐竹+鸡肉

降低血糖

推荐食谱

烹饪时间12分钟；口味鲜

茶树菇腐竹炖鸡肉

原料 ○5人份

光鸡400克，茶树菇100克，腐竹60克，姜片、蒜末、葱段各少许

调料

豆瓣酱6克，盐3克，鸡粉2克，料酒、生抽各5毫升，水淀粉、食用油各适量

做法

❶ 将光鸡斩成小块，茶树菇切成段。

❷ 锅中注清水烧热，放鸡块，掠去浮沫，捞出；热锅注油，加腐竹，炸至呈虎皮状，捞出，浸在清水中，泡软后待用。

❸ 油起锅，放姜片、蒜末、葱段，爆香；加鸡块、料酒、生抽、豆瓣酱、盐、鸡粉，炒匀。

❹ 加清水、腐竹、茶树菇，煮至熟软，放水淀粉勾芡，盛出煮好的食材即可。

烹饪时间12分钟；口味辣

肉末腐竹蒸粉丝

原料 ○3人份

水发腐竹80克，水发粉丝50克，瘦肉末70克，剁椒20克，蒜末8克，葱花3克，姜末3克

调料

盐2克，胡椒粉1克，料酒7毫升，生抽8毫升

做法

❶ 粉丝切三段，装盘待用；腐竹切至3~4厘米长；将切好的腐竹放在粉丝上，待用。

❷ 瘦肉末装碗，倒入料酒，放入姜末，加入盐、胡椒粉，将肉末拌至均匀。

❸ 将拌好的肉末铺在腐竹上，放上蒜末，铺上剁椒。

❹ 取出已烧开上汽的电蒸锅，放入食材；加盖，调好时间旋钮，蒸10分钟至熟；揭盖，取出蒸好的肉末腐竹粉丝，淋上生抽，撒上葱花即可。

小叮咛 腐竹含有蛋白质、糖类、维生素E、钾、钙、镁、磷、铁、锌等营养成分，具有保健大脑、降低胆固醇、防止高血压和动脉硬化等功效。

烹饪时间3分钟；口味辣

洋葱拌腐竹

原料 ○3人份

洋葱50克，水发腐竹200克，红椒15克，葱花少许

调料

盐3克，鸡粉2克，生抽4毫升，芝麻油2毫升，辣椒油3毫升，食用油适量

做法

❶ 将洗净的洋葱切成丝；腐竹切段；洗好的红椒去籽，切成丝。

❷ 热锅注油，烧至四成热，放入洋葱、红椒，搅匀，炸出香味，把炸好的洋葱和红椒捞出。

❸ 锅底留油，注入清水烧开，放入1克盐、腐竹段，搅匀，煮1分钟至熟，捞出。

❹ 将腐竹装入碗中，放入洋葱、红椒、葱花、2克盐、鸡粉、生抽、芝麻油、辣椒油，拌匀调味，把拌好的成菜装入碗中即可。

烹饪时间 2分钟；口味清淡

腐竹香干炒莴笋

原料 ○3人份

莴笋100克，香干90克，红椒30克，水发腐竹150克，姜片、蒜末、葱段各少许

调料

鸡粉4克，盐2克，生抽4毫升，豆瓣酱10克，水淀粉3毫升，食用油适量

做法

❶ 洗好去皮的莴笋切成片；洗净的红椒去籽，切成小块；把香干切成片。

❷ 锅中注入清水烧开，加入2克鸡粉、食用油、莴笋、腐竹，拌匀，煮1分钟，把焯好的莴笋和腐竹捞出，沥干水分。

❸ 用油起锅，放入姜片、蒜末、葱段，爆香；倒入香干、红椒块、腐竹、莴笋，炒匀。

❹ 加入生抽、2克鸡粉、盐、豆瓣酱、水淀粉，炒匀，盛出炒好的食材即可。

豉汁蒸腐竹

烹饪时间21分钟；口味鲜

原料 ○3人份

水发腐竹300克，豆豉20克，红椒30克，葱花、姜末、蒜末各少许

调料

生抽5毫升，盐、鸡粉各少许，食用油适量

做法

❶ 洗净的红椒切开去籽，切粒；泡发好的腐竹切成长段。

❷ 热锅注油烧热，放入姜末、蒜末、豆豉，爆香；倒入红椒粒、生抽、鸡粉、盐，炒匀，将炒好的材料浇在腐竹上。

❸ 蒸锅上火烧开，放入腐竹，蒸20分钟至入味。

❹ 掀开锅盖，将腐竹取出，撒上葱花即可。

小叮咛 腐竹含有蛋白质、纤维素、烟酸、糖类、谷氨酸等成分，具有促进食欲、益智健脑等功效。

烹饪时间3分钟；口味清淡

彩椒拌腐竹

原料 ○3人份

水发腐竹200克，彩椒70克，蒜末、葱花各少许

调料

盐3克，生抽2毫升，鸡粉2克，芝麻油2毫升，辣椒油3毫升，食用油适量

做法

❶ 洗净的彩椒切成丝，备用。

❷ 锅中注入清水烧开，加入食用油、1克盐、腐竹，搅匀，焯沸；放入彩椒，搅匀，焯1分30秒，至食材熟透，捞出焯好的腐竹和彩椒，放入碗中。

❸ 放入蒜末、葱花、2克盐、生抽、鸡粉、芝麻油，用筷子搅拌匀。

❹ 淋入辣椒油，拌匀，至食材入味，盛出拌好的食材，装入盘中即可。

烹饪时间21分钟；口味辣

牛筋腐竹煲

原料 ○3人份

腐竹段45克，牛筋块120克，水发香菇30克，八角、桂皮、姜片、葱段、葱花各少许

调料

料酒、生抽、老抽、盐、鸡粉、白糖、辣椒酱、水淀粉、芝麻油、食用油各适量

做法

❶ 洗好的香菇去蒂，切小块。

❷ 锅中注清水烧开，放牛筋、盐、香菇，拌匀，煮至断生，捞出；锅中注食用油，放腐竹，略炸一会儿，捞出。

❸ 油起锅，放八角、桂皮、姜片、葱段，爆香；倒入焯过的材料，加料酒、生抽、老抽、盐、鸡粉、清水、白糖、腐竹，炒匀，焖煮约5分钟。

❹ 加辣椒酱、水淀粉、芝麻油，炒匀，放砂锅中，锅置于火上，煮沸，放葱花即可。

烹饪时间12分钟；口味鲜

剁椒腐竹蒸娃娃菜

原料 ○3人份

娃娃菜300克，水发腐竹80克，剁椒40克，蒜末、葱花各少许

调料

白糖3克，生抽7毫升，食用油适量

做法

1. 洗好的娃娃菜切成条状，泡发洗好的腐竹切成段。
2. 锅中注入清水烧开，倒入娃娃菜，焯片刻至断生；捞出，将娃娃菜码入盘内，放上腐竹。
3. 热锅注油烧热，倒入蒜末、剁椒，翻炒爆香；加入白糖，炒匀，浇在娃娃菜上。
4. 蒸锅上火烧开，放入娃娃菜，蒸10分钟至入味；将食材取出，撒上葱花，淋入生抽即可。

小叮咛 娃娃菜含有叶酸、蛋白质、维生素、钾、胡萝卜素等成分，具有养胃生津、除烦解渴、利尿通便等功效。

烹饪时间7分钟；口味清淡

栗子腐竹煲

原料 ○2人份

腐竹20克，香菇30克，青椒、红椒各15克，芹菜10克，板栗60克，姜片、蒜末、葱段、葱花各少许

调料

盐、鸡粉、水淀粉、白糖、番茄酱、生抽、食用油各适量

做法

❶ 芹菜切成长；青椒、红椒均去籽，切成小块；香菇切成小块；板栗切去两端。

❷ 热锅注油，倒入腐竹，炸至金黄色，捞出；油锅中放板栗，炸干水分，捞出。

❸ 锅留底油烧热，放姜片、蒜末、葱段，爆香；加香菇、清水、腐竹、板栗、生抽、盐、鸡粉、白糖、番茄酱，拌匀调味，焖煮约4分钟。

❹ 加青椒、红椒、水淀粉、芹菜，炒熟；盛入砂锅置于火上，煮沸，放葱花即可。

烹饪时间3分钟；口味鲜

腐竹烩菠菜

原料 ○3人份

菠菜85克，虾米10克，腐竹50克，姜片、葱段各少许

调料

盐2克，鸡粉2克，生抽3毫升，食用油适量

做法

❶ 洗净的菠菜切成段，备用。

❷ 热锅注油，烧至五成热，倒入腐竹，搅散，炸至金黄色，捞出腐竹，沥干油。

❸ 锅底留油烧热，倒入姜片、葱段，爆香；放入虾米、腐竹，翻炒出香味；加入清水、盐、鸡粉，炒匀调味，略煮片刻，使食材入味。

❹ 淋入生抽，炒匀上色，煮至食材熟透，放入菠菜，翻炒片刻，至菠菜熟软入味，盛出炒好的菜肴，装入盘中即可。

红油腐竹

烹饪时间7分钟；口味辣

原料 ○3人份

腐竹段80克，青椒45克，胡萝卜40克，姜片、蒜末、葱段各少许

调料

盐、鸡粉各2克，生抽4毫升，辣椒油6毫升，豆瓣酱7克，水淀粉、食用油各适量

做法

1. 洗净的胡萝卜切成薄片；洗好的青椒去籽，切成小块。
2. 锅中注入清水烧开，加入食用油、葫萝卜、青椒，拌匀，焯约1分钟，捞出焯好的食材。
3. 热锅注油，烧至三四成热，倒入腐竹段，拌匀，炸约半分钟，捞出炸好的腐竹。
4. 锅底留油烧热，倒入姜片、蒜末、葱段，爆香；放入腐竹段，倒入焯过水的材料，炒匀，加入清水、生抽、辣椒油、豆瓣酱、盐、鸡粉，拌匀调味，焖至熟；倒入水淀粉，炒匀，盛出锅中的菜肴即可。

小叮咛 青椒具有消除疲劳的重要作用，而且青椒中还含有能促进维生素C吸收的维生素P，就算加热，维生素C也不会流失。

烹饪时间4分钟；口味清淡

海带拌腐竹

原料 ○3人份

水发海带120克，胡萝卜25克，水发腐竹100克

调料

盐2克，鸡粉少许，生抽4毫升，陈醋7毫升，芝麻油适量

做法

❶ 将洗净的腐竹切段；洗好的海带切细丝；洗净去皮的胡萝卜切成丝。

❷ 锅中注入清水烧开，放入腐竹段，拌匀，略煮一会儿，至其断生后捞出，沥干水分。

❸ 沸水锅中再倒入海带丝，搅散，煮约2分钟至其熟透，再捞出材料，沥干水分。

❹ 取大碗，倒入腐竹段、海带丝、胡萝卜丝、盐、鸡粉、生抽、陈醋、芝麻油，拌至入味，将拌好的菜肴盛入盘中即可。

烹饪时间3分钟；口味清淡

芹菜胡萝卜丝拌腐竹

原料 ○3人份

芹菜85克，胡萝卜60克，水发腐竹140克

调料

盐、鸡粉各2克，胡椒粉1克，芝麻油4毫升

做法

❶ 洗好的芹菜切成长段；洗净去皮的胡萝卜切丝；洗好的腐竹切段。

❷ 锅中注入清水烧开，倒入芹菜、胡萝卜，拌匀，略煮片刻；放入腐竹，焯至食材断生，捞出焯好的材料，沥干水分。

❸ 取一个大碗，倒入焯过水的材料。

❹ 加入盐、鸡粉、胡椒粉、芝麻油，拌匀至食材入味，将拌好的菜肴装入盘中即可。

烹饪时间132分钟；口味清淡

白果腐竹汤

原料 ○3人份

水发腐竹100克，白果40克，百合80克，水发黄豆100克，姜片、葱段各少许

调料

盐2克

做法

❶ 洗净的腐竹切段。

❷ 砂锅中注入清水，倒入白果、黄豆、百合、姜片、葱段，拌匀，煮2小时至有效成分析出。

❸ 放入腐竹，拌匀，续煮10分钟至腐竹熟。

❹ 加入盐，搅拌片刻至入味，盛出煮好的汤，装入碗中即可。

小叮咛 腐竹含有蛋白质、脂肪、糖类、维生素E、大豆卵磷脂及钠、铁、钙等营养成分，具有增高助长、保护心脏、预防骨质疏松等功效。

豆浆，让豆类的营养更有力

作为将豆子化平凡为神奇的豆浆，无论是黄豆、黑豆，还是红豆、绿豆，都可以放到豆浆机里，轻轻松松打出一杯营养丰富又好喝的豆浆。豆浆的食材搭配可以千变万化，但是始终不变的是那份完全打磨出来的营养和健康。

黑豆

【热量】1595千焦/100克

【性味】性平，味甘

【归经】归心、肝、肾经

营养在线

黑豆具有祛风除湿、调中下气、活血、解毒、利尿、明目等功效。黑豆含有丰富的维生素E，能清除体内的自由基，减少皮肤皱纹，达到养颜美容的目的。

食用建议

适合于小儿夜间遗尿、妊娠腰痛、腰膝酸软、肾虚耳聋、白带频多、产后中风、四肢麻痹者；不宜于儿童食用。

相宜搭配

✔黑豆+牛奶

有利吸收维生素B_{12}

✔黑豆+雪梨

养心润肺

✔黑豆+橙子

营养丰富

✔黑豆+糯米

开胃消食

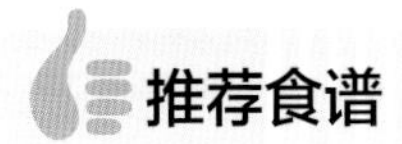

烹饪时间30分钟；口味清淡

黑豆雪梨大米豆浆

原料 ○3人份

水发黑豆100克，雪梨块120克，水发大米100克

做法

1. 将浸泡8小时的黑豆、浸泡4小时的大米倒入碗中，注入适量清水搓洗干净，倒入滤网，沥干水分，待用。
2. 将备好的雪梨、黑豆、大米倒入豆浆机中，注入适量清水，至水位线即可。
3. 盖上豆浆机机头，选择“五谷”程序，再选择“开始”键，开始打浆；待豆浆机运转约20分钟，即可豆浆。
4. 断电后取下豆浆机机头，把打好的豆浆倒入滤网中，用勺子搅拌，滤取豆浆；将滤好的豆浆倒入杯中，待稍凉后即可饮用。

烹饪时间21分钟；口味甜

黑豆糯米豆浆

原料 ○2人份

水发黑豆100克，水发糯米90克

调料

白糖少许

做法

❶ 取准备好的豆浆机，倒入泡好的黑豆和糯米。

❷ 注入适量清水，至水位线即可。

❸ 盖上豆浆机机头，选择“五谷”程序，再选择“开始”键，待其运转约20分钟。

❹ 断电后取下机头，倒出煮好的豆浆，滤入碗中，加入少许白糖，拌匀即可。

小叮咛 糯米为温补强壮食品，含有蛋白质、淀粉、维生素B_1、维生素B_2、烟酸、钙、磷、铁等营养成分，具有补中益气、健脾养胃、止虚汗等功效。

烹饪时间17分钟；口味鲜

胡萝卜黑豆豆浆

原料 ○2人份

水发黑豆60克，胡萝卜块50克

做法

❶ 将已浸泡8小时的黑豆倒入碗中，加入适量清水，搓洗干净；将洗好的黑豆倒入滤网，沥干水分。

❷ 把黑豆、胡萝卜块倒入豆浆机中，注入适量清水，至水位线即可。

❸ 盖上豆浆机机头，选择“五谷”程序，再选择“开始”键，开始打浆；待豆浆机运转约15分钟，即可豆浆。

❹ 将豆浆机断电，取下机头，把煮好的豆浆倒入滤网，滤取豆浆；倒入杯中，用汤匙撇去浮沫，待稍微放凉后即可饮用。

烹饪时间17分钟；口味清淡

黑豆玉米须燕麦豆浆

原料 ○2人份

玉米须15克，水发黑豆60克，燕麦10克

做法

❶ 将已浸泡8小时的黑豆倒入碗中，放入燕麦、玉米须，加入适量清水搓洗干净；将洗好的材料倒入滤网，沥干水分。

❷ 把洗好的黑豆、燕麦、玉米须倒入豆浆机中，注入适量清水，至水位线即可。

❸ 盖上豆浆机机头，选择“五谷”程序，再选择“开始”键，开始打浆；待豆浆机运转约15分钟，即可豆浆。

❹ 将豆浆机断电，取下机头，把煮好的豆浆倒入滤网，滤取豆浆；将豆浆倒入碗中，用汤匙撇去浮沫，待稍微放凉后即可饮用。

姜汁黑豆豆浆

烹饪时间16分钟；口味甜

原料 ○2人份

水发黑豆45克，姜汁30毫升

调料

红糖8克

做法

❶ 将已浸泡8小时的黑豆倒入碗中，加入适量清水搓洗干净；将洗好的黑豆倒入滤网，沥干水分。

❷ 把洗好的黑豆倒入豆浆机中，倒入姜汁，加入红糖，注入适量清水，至水位线即可。

❸ 盖上豆浆机机头，选择“五谷”程序，再选择“开始”键，开始打浆；待豆浆机运转约15分钟，即可豆浆。

❹ 将豆浆机断电，取下机头，把煮好的豆浆倒入滤网，滤取豆浆；倒入杯中，用汤匙撇去浮沫，待稍微放凉后即可饮用。

小叮咛 黑豆含有蛋白质、维生素E、膳食纤维、锌、钙、硒、钾等营养成分，具有补脾、利水、解毒等功效。

烹饪时间16分钟；口味清淡

黑豆青豆薏米豆浆

原料 ○1人份

水发黑豆50克，水发薏米、青豆各少许

做法

❶ 在碗中倒入已浸泡4小时的薏米，放入青豆，再加入已浸泡8小时的黑豆，注入适量清水，搓洗干净；把洗好的食材倒入滤网，沥干水分。

❷ 将洗净的食材倒入豆浆机中，注入适量清水，至水位线即可。

❸ 盖上豆浆机机头，选择“五谷”程序，再选择“开始”键，开始打浆；待豆浆机运转约15分钟，即可豆浆。

❹ 将豆浆机断电，取下机头；把煮好的豆浆倒入滤网，滤取豆浆，把滤好的豆浆倒入杯中即可。

烹饪时间21分钟；口味清淡

荷叶小米黑豆豆浆

原料 ○2人份

荷叶8克，小米35克，水发黑豆55克

做法

❶ 将小米倒入碗中，放入已浸泡8小时的黑豆，加入适量清水搓洗干净；将洗好的材料倒入滤网，沥干水分。

❷ 把备好的荷叶、小米、黑豆倒入豆浆机中；注入适量清水，至水位线即可。

❸ 盖上豆浆机机头，选择“五谷”程序，再选择“开始”键，开始打浆；待豆浆机运转约20分钟，即可豆浆。

❹ 将豆浆机断电，取下机头，把煮好的豆浆倒入滤网，滤取豆浆；倒入碗中，用汤匙撇去浮沫即可。

烹饪时间25分钟；口味清淡

黑豆三香豆浆

原料 ○4人份

花生米30克，核桃仁20克，水发黑豆60克，水发黄豆60克，黑芝麻20克

做法

❶ 将已浸泡8小时的黄豆倒入碗中，加入备好的黑豆、花生米、核桃仁、黑芝麻，倒入适量清水，用手搓洗干净；将洗好的材料倒入滤网，沥干水分。

❷ 把材料倒入豆浆机中，注入适量清水，至水位线即可。

❸ 盖上豆浆机机头，选择“五谷”程序，再选择“开始”键，开始打浆；待豆浆机运转约20分钟，即可豆浆。

❹ 将豆浆机断电，取下机头，把煮好的豆浆倒入滤网，滤取豆浆；倒入杯中，用汤匙撇去浮沫即可。

小叮咛 花生米含有蛋白质、糖类、钙、磷、铁等营养成分，具有促进身体发育、增强记忆力、降低胆固醇等功效。

烹饪时间17分钟；口味清淡

黑豆红枣枸杞豆浆

原料 ○2人份

黑豆50克，红枣15克，枸杞20克

做法

❶ 洗净的红枣切开，去核，切成小块；把已浸泡6小时的黑豆倒入碗中，放入清水，用手搓洗干净；把洗好的黑豆倒入滤网，沥干水分。

❷ 将黑豆、枸杞、红枣倒入豆浆机中，注入适量清水，至水位线即可。

❸ 盖上豆浆机机头，选择“五谷”程序，再选择“开始”键，开始打浆；待豆浆机运转约15分钟，即可豆浆。

❹ 将豆浆机断电，取下机头，把煮好的豆浆倒入滤网，滤取豆浆；把滤好的豆浆倒入杯中即可。

烹饪时间21分钟；口味甜

黑米蜜豆浆

原料 ○2人份

水发黄豆30克，水发黑豆30克，黑米20克

调料

蜂蜜适量

做法

❶ 将已浸泡8小时的黑豆、黄豆倒入碗中，再放入黑米，注入适量清水，用手搓洗干净；把洗好的食材倒入滤网，沥干水分。

❷ 将洗净的食材倒入豆浆机中，注入适量清水，至水位线即可。

❸ 盖上豆浆机机头，选择“五谷”程序，再选择“开始”键，开始打浆；待豆浆机运转约20分钟，即可豆浆。

❹ 将豆浆机断电，取下机头；把煮好的豆浆倒入滤网，滤取豆浆；将滤好的豆浆倒入碗中，加入少许蜂蜜，搅拌均匀即可。

黑豆核桃豆浆

烹饪时间17分钟；口味清淡

原料 ○2人份

核桃仁15克，水发黑豆45克

做法

❶ 把洗好的核桃仁倒入豆浆机中，倒入洗净的黑豆。

❷ 注入适量清水，至水位线即可。

❸ 盖上豆浆机机头，选择“五谷”程序，再选择“开始”键，开始打浆；待豆浆机运转约15分钟，即可豆浆。

❹ 将豆浆机断电，取下机头；把煮好的豆浆倒入滤网，滤取豆浆，倒入杯中即可。

小叮咛 核桃仁含有蛋白质、亚油酸、B族维生素、维生素C、钾、钙、铁、磷等营养成分，具有改善记忆力、补肾固精、滋润肌肤等功效。

烹饪时间21分钟；口味清淡

补脾黑豆芝麻豆浆

原料 ○2人份

黑芝麻15克，水发黑豆50克

做法

❶ 将已浸泡8小时的黑豆倒入碗中，注入适量清水，用手搓洗干净；把洗好的黑豆倒入滤网，沥干水分。

❷ 将备好的黑豆、黑芝麻倒入豆浆机中；注入适量清水，至水位线即可。

❸ 盖上豆浆机机头，选择“五谷”程序，再选择“开始”键，开始打浆；待豆浆机运转约20分钟，即可豆浆。

❹ 将豆浆机断电，取下机头；把煮好的豆浆倒入滤网中，滤取豆浆；将滤好的豆浆倒入杯中即可。

烹饪时间16分钟；口味清淡

黑豆百合豆浆

原料 ○2人份

鲜百合8克，水发黑豆50克

调料

冰糖适量

做法

❶ 将已浸泡8小时的黑豆倒入碗中，注入适量清水，用手搓洗干净；把洗好的黑豆倒入滤网，沥干水分。

❷ 将洗好的百合、黑豆倒入豆浆机中，加入冰糖；注入适量清水，至水位线即可。

❸ 盖上豆浆机机头，选择“五谷”程序，再选择“开始”键，开始打浆；待豆浆机运转约15分钟，即可豆浆。

❹ 将豆浆机断电，取下机头；把煮好的豆浆倒入滤网中，滤取豆浆；将滤好的豆浆倒入杯中即可。

烹饪时间16分钟；口味清淡

玫瑰花黑豆活血豆浆

原料 ○2人份

玫瑰花5克，水发黄豆40克，水发黑豆40克

做法

❶ 将已浸泡8小时的黑豆、黄豆倒入碗中，注入适量清水，用手搓洗干净；把洗好的食材倒入滤网，沥干水分。

❷ 把洗净的食材倒入豆浆机中，放入玫瑰花，注入适量清水，至水位线即可。

❸ 盖上豆浆机机头，选择“五谷”程序，再选择“开始”键，开始打浆；待豆浆机运转约15分钟，即可豆浆。

❹ 将豆浆机断电，取下机头；把煮好的豆浆倒入滤网，滤取豆浆，倒入碗中，用汤匙撇去浮沫即可。

小叮咛 黑豆含有蛋白质、不饱和脂肪酸、钙、磷、铁、钾等营养成分，具有降血脂、活血利水、美容养颜等功效。

烹饪时间16分钟；口味甜

黑豆雪梨润肺豆浆

原料 ○2人份

黑豆50克，雪梨65克

调料

冰糖10克

做法

❶ 洗净去皮的雪梨切开，去核，再切成小块，备用。

❷ 将雪梨块倒入豆浆机中，加入冰糖，放入洗净的黑豆；注入适量清水，至水位线即可。

❸ 盖上豆浆机机头，选择“五谷”程序，再选择“开始”键，开始打浆；待豆浆机运转约15分钟，即可豆浆。

❹ 将豆浆机断电，取下机头，把煮好的豆浆倒入滤网，滤取豆浆；将滤好的豆浆倒入碗中，用汤匙撇去浮沫即可。

烹饪时间17分钟；口味清淡

黑豆核桃芝麻豆浆

原料 ○2人份

核桃仁20克，黑芝麻25克，水发黑豆50克

做法

❶ 把洗好的黑芝麻、核桃仁倒入豆浆机中，倒入已浸泡8小时的黑豆。

❷ 注入适量清水，至水位线即可。

❸ 盖上豆浆机机头，选择“五谷”程序，再选择“开始”键，开始打浆；待豆浆机运转约15分钟，即可豆浆。

❹ 将豆浆机断电，取下机头，把煮好的豆浆倒入滤网，滤取豆浆；把滤好的豆浆倒入碗中，用汤匙撇去浮沫，待稍微放凉后即可饮用。

黑豆花生豆浆

烹饪时间21分钟；口味淡

原料 ○2人份

花生仁25克，枸杞10克，水发黑豆50克

做法

❶ 将已浸泡8小时的黑豆倒入碗中，注入适量清水，用手搓洗干净；把洗好的黑豆倒入滤网，沥干水分。

❷ 把黑豆放入豆浆机中，倒入花生仁，加入枸杞；注入适量清水，至水位线即可。

❸ 盖上豆浆机机头，选择“五谷”程序，再选择“开始”键，开始打浆；待豆浆机运转约20分钟，即可豆浆。

❹ 将豆浆机断电，取下机头，把煮好的豆浆倒入滤网；将滤好的豆浆倒入碗中，用汤匙撇去浮沫即可。

小叮咛 花生含有蛋白质、糖类、胡萝卜素、卵磷脂、钙、铁等营养成分，具有提高记忆力、滋养保健、降低胆固醇等功效。

烹饪时间16分钟；口味清淡

黑豆豆浆

原料 ○2人份

水发黑豆100克

调料

白糖适量

做法

❶ 将已浸泡7小时的黑豆倒入碗中，加入适量清水，将豆子搓洗干净；把洗净的黑豆倒入滤网，沥干水分。

❷ 将洗好的黑豆倒入豆浆机中，加入适量清水，至水位线即可。

❸ 盖上豆浆机机头，选择“五谷”程序，再选择“开始”键，开始打浆；待豆浆机运转约15分钟，即可豆浆。

❹ 将豆浆机断电，取下机头，把煮好的豆浆倒入滤网，滤去豆渣；将滤好的豆浆倒入碗中，加入适量白糖，搅拌均匀至其熔化，待稍微放凉后即可饮用。

烹饪时间16分钟；口味清淡

红枣黑豆豆浆

原料 ○1人份

红枣15克，水发黑豆45克

做法

❶ 洗净的红枣切开，去籽，再切成小块，备用。

❷ 把洗净的黑豆倒入豆浆机中，放入红枣，注入适量清水，至水位线即可。

❸ 盖上豆浆机机头，选择“五谷”程序，再选择“开始”键，开始打浆；待豆浆机运转约15分钟，即可豆浆。

❹ 将豆浆机断电，取下机头；把煮好的豆浆倒入滤网，滤取豆浆，倒入碗中即可。

烹饪时间16分钟；口味清淡

松仁黑豆豆浆

原料 ○2人份

松仁20克，水发黑豆55克

做法

❶ 把洗好的松仁倒入豆浆机中。

❷ 倒入洗净的黑豆，注入适量清水，至水位线即可。

❸ 盖上豆浆机机头，选择“五谷”程序，再选择“开始”键，开始打浆；待豆浆机运转约15分钟，即可豆浆。

❹ 将豆浆机断电，取下机头，把煮好的豆浆倒入滤网，滤取豆浆；倒入碗中，用汤匙撇去浮沫即可。

小叮咛 黑豆含有蛋白质、不饱和脂肪酸、叶酸、钙、磷、铁、钾等营养成分，具有补血、安神、明目、健脾、补肾等功效。

烹饪时间15分钟；口味淡

香浓黑豆浆

原料 ○2人份

水发黄豆50克，水发黑豆50克

做法

❶ 把洗净的黄豆、黑豆倒入豆浆机中。

❷ 注入适量清水，至水位线即可。

❸ 盖上豆浆机机头，选择“五谷”程序，再选择“开始”键，开始打浆。

❹ 待豆浆机运转约15分钟，即成豆浆，将豆浆机断电，取下机头，将豆浆盛入碗中即可。

烹饪时间16分钟；口味甜

黑豆银耳豆浆

原料 ○2人份

水发黑豆50克，水发银耳20克

调料

白糖适量

做法

❶ 将已浸泡8小时的黑豆倒入碗中，注入适量清水搓洗干净；把洗好的黑豆倒入滤网，沥干水分。

❷ 将备好的黑豆、银耳倒入豆浆机中，注入适量清水，至水位线即可。

❸ 盖上豆浆机机头，选择“五谷”程序，再选择“开始”键，开始打浆；待豆浆机运转约15分钟，即可豆浆。

❹ 将豆浆机断电，取下机头；把煮好的豆浆倒入滤网，滤取豆浆；将滤好的豆浆倒入碗中，加入少许白糖搅拌均匀，至白糖熔化即可。

黑豆芝麻花生豆浆

烹饪时间3分钟；口味甜

原料 ○3人份

水发黑豆110克，水发花生米100克，黑芝麻20克

调料

白糖20克

做法

❶ 取榨汁机，选择搅拌刀座组合，注入适量清水，放入洗净的黑豆，盖上盖子。

❷ 通电后选择“榨汁”功能，搅拌一会儿，至黑豆成细末状；断电后倒出搅拌好的材料，用滤网滤取豆汁，装入碗中，待用。

❸ 取榨汁机，选择搅拌刀座组合，倒入洗净的黑芝麻，放入洗好的花生米，再倒入备好的豆汁，盖上盖子；通电后选择“榨汁”功能，搅拌至材料呈糊状，断电后倒入碗中，即成生豆浆。

❹ 汤锅置旺火上，倒入搅拌好的生豆浆，盖上锅盖，用大火煮约1分钟，至汁水沸腾；揭盖，撇去浮沫，撒上白糖，搅拌匀，续煮一会儿，至糖完全熔化即可。

小叮咛 花生含有蛋白质、糖类、不饱和脂肪酸、维生素A、维生素B_6、维生素E、维生素K及钙、磷、铁等营养物质，对预防高血压、保护血管均有一定的作用。

绿豆

【热量】1323千焦/100克

营养在线

绿豆中的多糖成分能增加血清脂蛋白酶的活性，使三酰甘油水解，达到降血脂的疗效，从而防治冠心病、心绞痛；绿豆可以清心安神、治烦渴、润喉止痛，改善失眠多梦及精神恍惚等现象，还能有效清除血管壁中胆固醇和脂肪的堆积，防止心血管病变；绿豆还是提取植物性SOD的良好原料，具有很好的抗衰老功能；绿豆具有清热消暑、利尿消肿、润喉止咳及明目降压之功效。

食用建议

适合于有疮疖痈肿、丹毒等热毒所致的皮肤感染；不宜于脾胃虚寒、肾气不足、易泻、体质虚弱和正在吃中药者。

相宜搭配

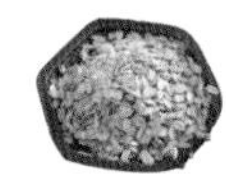

✔绿豆+燕麦

可抑制血糖值上升

✔绿豆+山药

增强免疫力

✔绿豆+南瓜

清肺、降糖

✔绿豆+黄豆

开胃消食

✔绿豆+燕麦

开胃消食

✔绿豆+黑豆

保肝护肾

【性味】

性凉，味甘

【归经】

归心、胃经

实用备忘录

将绿豆在阳光下暴晒5个小时，然后趁热密封保存；家庭储存绿豆时，可以选择以下三种比较实用的储存方法：（1）通风储存法；（2）容器储存法；（3）辣椒储存法。

推荐食谱

烹饪时间21分钟；口味甜

绿豆燕麦豆浆

原料 ○2人份

水发绿豆55克，燕麦45克

调料

冰糖适量

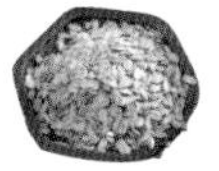

做法

1. 将已浸泡6小时的绿豆倒入碗中，放入泡发好的燕麦，加入适量清水搓洗干净；将洗好的食材倒入滤网，沥干水分。
2. 把洗好的绿豆和燕麦倒入豆浆机中，放入冰糖，注入适量清水，至水位线即可。
3. 盖上豆浆机机头，选择“五谷”程序，再选择“开始”键，开始打浆；待豆浆机运转约20分钟，即可豆浆。
4. 将豆浆机断电，取下机头，把煮好的豆浆倒入滤网，滤取豆浆；倒入杯中，用汤匙撇去浮沫即可。

小叮咛 燕麦含有膳食纤维、B族维生素、叶酸、泛酸、镁、磷、钾、铁、锌等营养成分，具有益肝和胃、润肠通便、降血压等功效。

烹饪时间16分钟；口味甜

山药绿豆豆浆

原料 ○3人份

山药120克，水发绿豆40克，水发黄豆50克

调料

白糖适量

做法

❶ 洗净去皮的山药切片；将已浸泡6小时的绿豆倒入碗中，放入已浸泡8小时的黄豆，加入适量清水搓洗干净；将洗好的食材倒入滤网，沥干水分。

❷ 把洗净的食材倒入豆浆机中，加入适量白糖，注入适量清水，至水位线即可。

❸ 盖上豆浆机机头，选择“五谷”程序，再选择“开始”键，开始打浆；待豆浆机运转约15分钟，即可豆浆。

❹ 将豆浆机断电，取下机头，把煮好的豆浆倒入滤网，滤取豆浆；把滤好的豆浆倒入碗中，用汤匙撇去浮沫，待稍微放凉后即可饮用。

烹饪时间17分钟；口味清淡

黄绿豆绿茶豆浆

原料 ○2人份

绿茶叶7克，水发绿豆30克，水发黄豆40克

做法

❶ 将已浸泡6小时的绿豆倒入碗中，再放入已浸泡8小时的黄豆，加入适量清水，用手搓洗干净；将洗好的材料倒入滤网，沥干水分。

❷ 把备好的绿茶叶、黄豆、绿豆倒入豆浆机中，注入适量清水，至水位线即可。

❸ 盖上豆浆机机头，选择“五谷”程序，再选择“开始”键，开始打浆；待豆浆机运转约15分钟，即可豆浆。

❹ 将豆浆机断电，取下机头，把煮好的豆浆倒入滤网，滤取豆浆；把滤好的豆浆倒入碗中，用汤匙撇去浮沫，待稍微放凉后即可饮用。

烹饪时间17分钟；口味清淡

绿豆黑豆豆浆

原料 ○2人份

水发绿豆50克，水发黑豆45克

做法

❶ 将已浸泡8小时的黑豆倒入碗中，放入已浸泡6小时的绿豆，加入适量清水搓洗干净；将洗好的材料倒入滤网，沥干水分

❷ 把洗好的材料倒入豆浆机中，注入适量清水，至水位线即可。

❸ 盖上豆浆机机头，选择“五谷”程序，再选择“开始”键，开始打浆；待豆浆机运转约15分钟，即可豆浆。

❹ 将豆浆机断电，取下机头，把煮好的豆浆倒入滤网，滤取豆浆；倒入碗中，用汤匙撇去浮沫即可。

小叮咛 绿豆含有蛋白质、膳食纤维、钙、铁、磷、钾、镁等营养成分，具有增进食欲、降血脂、降低胆固醇、保护肝脏等功效。

烹饪时间16分钟；口味苦

绿豆苦瓜豆浆

原料 ○2人份

水发绿豆55克，苦瓜30克

做法

❶ 洗净的苦瓜切开，去籽，切成小块；将已浸泡6小时的绿豆倒入碗中，加入适量清水，用手搓洗干净；将洗好的绿豆倒入滤网，沥干水分。

❷ 把绿豆倒入豆浆机中，放入苦瓜，注入适量清水，至水位线即可。

❸ 盖上豆浆机机头，选择“五谷”程序，再选择“开始”键，开始打浆；待豆浆机运转约15分钟，即可豆浆。

❹ 将豆浆机断电，取下机头，把煮好的豆浆倒入滤网，滤取豆浆；倒入杯中，用汤匙撇去浮沫即可。

烹饪时间17分钟；口味清淡

绿豆花生豆浆

原料 ○3人份

水发黄豆40克，花生米30克，水发绿豆45克

做法

❶ 将已浸泡8小时的黄豆倒入碗中，放入洗好的花生米、绿豆，加入适量清水搓洗干净；将洗好的材料倒入滤网，沥干水分。

❷ 把洗好的食材倒入豆浆机中，注入适量清水，至水位线即可。

❸ 盖上豆浆机机头，选择“五谷”程序，再选择“开始”键，开始打浆；待豆浆机运转约15分钟，即可豆浆。

❹ 将豆浆机断电，取下机头，把煮好的豆浆倒入滤网，滤取豆浆；倒入杯中，用汤匙撇去浮沫即可。

绿豆红薯豆浆

烹饪时间16分钟；口味清淡

原料 ○2人份

水发绿豆50克，红薯40克

做法

❶ 洗净去皮的红薯切厚片，再切条，改切成小方块，备用。

❷ 将已浸泡8小时的绿豆倒入碗中，加入适量清水搓洗干净；将洗好的绿豆倒入滤网，沥干水分。

❸ 把洗好的绿豆倒入豆浆机中，放入红薯，注入适量清水，至水位线；盖上豆浆机机头，选择“五谷”程序，再选择“开始”键，开始打浆。

❹ 待豆浆机运转约15分钟，即可豆浆；将豆浆机断电，取下机头；把煮好的豆浆倒入滤网，滤取豆浆倒入杯中即可。

小叮咛 红薯含有蛋白质、淀粉、果胶、纤维素及多种维生素、矿物质，具有润肠通便、滋补肝肾、益气生津、瘦身排脂等功效。

烹饪时间16分钟；口味淡

绿豆芹菜豆浆

原料 ○2人份

西芹30克，水发绿豆50克

调料

冰糖10克

做法

❶ 洗净的西芹切小块。

❷ 把泡好的绿豆倒入豆浆机中，放入切好的西芹，加入适量清水，至水位线即可。

❸ 盖上豆浆机机头，选择“五谷”程序，再选择“开始”键，开始打浆；待豆浆机运转约15分钟，即可豆浆。

❹ 将豆浆机断电，取下机头，把煮好的豆浆倒入大水杯中；再将豆浆倒入碗中，用汤匙撇去浮沫即可。

烹饪时间21分钟；口味淡

绿豆红枣养肝豆浆

原料 ○2人份

红枣12克，枸杞5克，水发绿豆40克，水发黄豆60克

做法

❶ 洗净的红枣切小块，去核；将已浸泡8小时的绿豆倒入碗中，放入泡好的黄豆，加入适量清水搓洗干净；将洗好的材料倒入滤网，沥干水分。

❷ 把备好的黄豆、绿豆倒入豆浆机中，再倒入洗净的枸杞和切好的红枣，注入适量清水，至水位线即可。

❸ 盖上豆浆机机头，选择“五谷”程序，再选择“开始”键，开始打浆；待豆浆机运转约20分钟，即可豆浆。

❹ 将豆浆机断电，取下机头，把煮好的豆浆倒入滤网，滤取豆浆；将滤好的豆浆倒入碗中，用汤匙撇去浮沫即可。

烹饪时间16分钟；口味清淡

绿豆南瓜排毒豆浆

原料 ○3人份

南瓜100克，水发黄豆50克，水发绿豆40克

做法

❶ 洗净去皮的南瓜切厚片，再切成小块；将已浸泡好的黄豆、绿豆清洗干净；将洗好的材料倒入滤网，沥干水分。

❷ 把洗好的材料倒入豆浆机中，放入南瓜，注入适量清水，至水位线即可。

❸ 盖上豆浆机机头，选择“五谷”程序，再选择“开始”键，开始打浆；待豆浆机运转约15分钟，即可豆浆。

❹ 将豆浆机断电，取下机头，把煮好的豆浆倒入滤网，滤取豆浆；倒入杯中，用汤匙撇去浮沫即可。

小叮咛 南瓜含有可溶性纤维、叶黄素、磷、钾、钙、镁、锌等营养成分，具有清热解毒、降血糖、帮助消化等功效。

烹饪时间17分钟；口味甜

百合莲子绿豆浆

原料 ○2人份

水发绿豆60克，水发莲子20克，百合20克

调料

白糖适量

做法

❶ 将已浸泡4小时的绿豆倒入碗中，加入清水，用手将绿豆搓洗干净，把绿豆倒入滤网，沥干水分。

❷ 将洗好的绿豆、莲子、百合倒入豆浆机中，注入清水，至水位线即可。

❸ 盖上豆浆机机头，选择“五谷”程序，待豆浆机运转约15分钟，即成豆浆。

❹ 把煮好的豆浆倒入滤网，用汤匙搅拌，滤取豆浆，将豆浆倒入碗中，放入白糖，拌至溶化，待稍微放凉后即可。

烹饪时间21分钟；口味清淡

绿豆豌豆大米豆浆

原料 ○3人份

豌豆35克，水发大米40克，水发绿豆50克

做法

❶ 将已浸泡4小时的大米倒入容器中，放入已浸泡6小时的绿豆，加入适量清水，搓洗干净；将洗好的材料倒入滤网，沥干水分。

❷ 把洗好的材料放入豆浆机中，倒入洗净的豌豆，注入适量清水，至水位线即可。

❸ 盖上豆浆机机头，选择“五谷”程序，再选择“开始”键，开始打浆；待豆浆机运转约20分钟，即可豆浆。

❹ 将豆浆机断电，取下机头，倒出煮好的豆浆，再倒入碗中即可。

绿豆海带豆浆

烹饪时间16分钟，口味清淡

原料 ○3人份

水发海带30克，水发绿豆40克，水发黄豆40克

做法

1. 将洗净的海带切成条，再切成小方块；将已浸泡好的绿豆、黄豆搓洗干净，倒入滤网，沥干水分。
2. 将备好的绿豆、黄豆、海带倒入豆浆机中，注入适量清水，至水位线即可。
3. 盖上豆浆机机头，选择“五谷”程序，再选择“开始”键，开始打浆；待豆浆机运转约15分钟，即可豆浆。
4. 将豆浆机断电，取下机头；把煮好的豆浆倒入滤网，滤取豆浆；将滤好的豆浆倒入碗中即可。

小叮咛 海带含有蛋白质、甘露醇、B族维生素、钙、磷、铁等营养成分，具有减肥瘦身、补充钙质、利尿消肿等功效。

烹饪时间21分钟；口味清淡

小米绿豆浆

原料 ○2人份

小米30克，绿豆40克，葡萄干适量

做法

❶ 将小米、绿豆倒入碗中，注入适量清水，用手搓洗干净；把洗好的食材倒入滤网，沥干水分。

❷ 将洗净的食材倒入豆浆机中，注入适量清水，至水位线即可。

❸ 盖上豆浆机机头，选择“五谷”程序，再选择“开始”键，开始打浆；待豆浆机运转约20分钟，即可豆浆。

❹ 将豆浆机断电，取下机头；把煮好的豆浆倒入容器中，再倒入碗中，撒上备好的葡萄干即可。

烹饪时间18分钟；口味清淡

莴笋绿豆豆浆

原料 ○2人份

水发黄豆40克，水发绿豆50克，莴笋叶25克

做法

❶ 在碗中倒入已浸泡6小时的绿豆，放入已浸泡8小时的黄豆，加入适量清水搓洗干净；将洗好的材料倒入滤网，沥干水分。

❷ 把洗好的莴笋叶、黄豆、绿豆倒入豆浆机中，注入适量清水，至水位线即可。

❸ 盖上豆浆机机头，选择“五谷”程序，再选择“开始”键，开始打浆；待豆浆机运转约15分钟，即可豆浆。

❹ 将豆浆机断电，取下机头，把煮好的豆浆倒入滤网，滤取豆浆；倒入杯中，用汤匙撇去浮沫即可。

烹饪时间16分钟；口味清淡

绿豆红枣豆浆

原料 ○2人份

红枣4克，水发绿豆50克

做法

❶ 将已浸泡6小时的绿豆倒入碗中，注入适量清水，用手搓洗干净；把洗好的绿豆倒入滤网，沥干水分。

❷ 将备好的红枣、绿豆倒入豆浆机中，注入适量清水，至水位线即可。

❸ 盖上豆浆机机头，选择“五谷”程序，再选择“开始”键，开始打浆；待豆浆机运转约15分钟，即可豆浆。

❹ 将豆浆机断电，取下机头；把煮好的豆浆倒入滤网，滤取豆浆；将滤好的豆浆倒入杯中即可。

小叮咛 红枣含有蛋白质、糖类、有机酸、维生素A、维生素C、钙等营养成分，具有益气补血、健脾和胃、美容养颜等功效。

烹饪时间16分钟；口味清淡

绿豆薏米豆浆

原料 ○2人份

水发绿豆60克，薏米少许

做法

1. 将浸泡4小时的绿豆、薏米倒入碗中，注入适量的清水，用手搓洗干净；把洗好的食材倒入滤网，沥干水分。
2. 将洗净的食材倒入豆浆机中，注入适量清水，至水位线即可。
3. 盖上豆浆机机头，选择“五谷”程序，再选择“开始”键，开始打浆；待豆浆机运转约15分钟，即成豆浆。
4. 将豆浆机断电，取下机头；把煮好的豆浆倒入滤网，滤取豆浆；把滤好的豆浆倒入杯中即可。

小叮咛 薏米含有亮氨酸、赖氨酸、精氨酸、酪氨酸、维生素B_1等成分，具有健脾、渗湿、止泻、排脓等功效。

红枣绿豆豆浆

烹饪时间16分钟；口味甜

原料 ○2人份

水发黄豆40克，水发绿豆30克，红枣肉5克

调料

白糖适量

做法

❶ 将已浸泡4小时的绿豆倒入碗中，放入已浸泡8小时的黄豆，注入适量清水，搓洗干净；把洗好的食材倒入滤网，沥干水分。

❷ 将备好的绿豆、黄豆、红枣倒入豆浆机中，注入适量清水，至水位线即可。

❸ 盖上豆浆机机头，选择“五谷”程序，再选择“开始”键，开始打浆；待豆浆机运转约15分钟，即可豆浆。

❹ 将豆浆机断电，取下机头，把煮好的豆浆倒入滤网，滤取豆浆；将滤好的豆浆倒入杯中，加入少许白糖，搅拌均匀，至白糖熔化即可。

小叮咛 绿豆含有蛋白质、糖类、维生素B_1、维生素B_2、叶酸、钙、磷等营养成分，具有清热解毒、开胃消食、保护肝脏等功效。

烹饪时间17分钟；口味甜

薄荷绿豆豆浆

原料 ○2人份

水发黄豆50克，水发绿豆50克，新鲜薄荷叶适量

调料

冰糖适量

做法

❶ 在碗中倒入已浸泡6小时的绿豆，放入已浸泡8小时的黄豆，加入清水，搓洗干净；把洗好的食材倒入滤网，沥干水分。

❷ 将洗好的食材倒入豆浆机内，放入薄荷叶、冰糖，注入清水至水位线即可。

❸ 盖上豆浆机机头，选择“五谷”程序，待豆浆机运转约15分钟，即可豆浆。

❹ 将豆浆机断电，取下机头，把煮好的豆浆倒入滤网，用汤匙搅拌，滤取豆浆；把滤好的豆浆倒入碗中，待稍微放凉后即可饮用。

烹饪时间16分钟；口味清淡

绿豆豆浆

原料 ○2人份

水发绿豆100克

调料

白糖适量

做法

❶ 将已浸泡3小时的绿豆倒入大碗中，加入适量清水，搓洗干净。

❷ 把洗净的绿豆倒入滤网，沥干水分，倒入豆浆机中；加入适量清水，至水位线即可。

❸ 盖上豆浆机机头，选择“五谷”程序，再选择“开始”键，启动豆浆机；待豆浆机运转约15分钟，即可豆浆。

❹ 将豆浆机断电，取下机头，把煮好的豆浆倒入滤网，滤去豆渣；将豆浆倒入碗中，加入适量白糖，搅拌均匀至其熔化，待稍微放凉后即可饮用。

烹饪时间16分钟；口味淡

绿豆海带无花果豆浆

原料 ○2人份

水发海带10克，无花果5克，水发绿豆50克

做法

❶ 将已浸泡4小时的绿豆倒入碗中，注入适量清水，用手搓洗干净；把洗好的绿豆倒入滤网，沥干水分。

❷ 将备好的绿豆、海带、无花果倒入豆浆机中，注入适量清水，至水位线即可。

❸ 盖上豆浆机机头，选择“五谷”程序，再选择“开始”键，开始打浆；待豆浆机运转约15分钟，即可豆浆。

❹ 将豆浆机断电，取下机头；把煮好的豆浆倒入滤网，滤取豆浆；将滤好的豆浆倒入杯中即可。

小叮咛 海带含有不饱和脂肪酸、海带氨酸、谷氨酸、天冬氨酸、甘露醇、维生素B_1等营养成分，具有降血压、利尿消肿、增强免疫力等功效。

红豆

【热量】1293千焦/100克

【归经】归心、小肠经

【性味】性平，味甘、酸

营养在线

红豆富含铁质，能让人气色红润；多摄取红豆，还有补血、促进血液循环、强化体力、增强抵抗力、缓解经期不适症状的效果。

食用建议

适合于水肿患者、哺乳期妇女食用；尿频的人则应该注意少吃。

相宜搭配

✔红豆+桑白皮

健脾利湿、利尿消肿

✔红豆+粳米

益脾胃、通乳汁

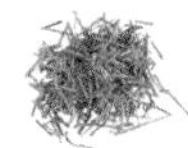

✔红豆+白茅根

增强利尿作用

✔红豆+南瓜

润肤、止咳、减肥

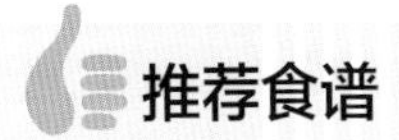

烹饪时间17分钟；口味甜

银耳红豆红枣豆浆

原料 ○2人份

水发银耳45克，水发红豆50克，红枣8克

调料

冰糖适量

做法

❶ 银耳切小块；红枣去核，切小块；将已浸泡6小时的红豆洗干净。

❷ 将洗好的红豆倒入滤网，沥干水分，倒入豆浆机中，放入红枣、银耳，加入冰糖；注入适量清水，至水位线即可。

❸ 盖上豆浆机机头，选择“五谷”程序，再选择“开始”键，开始打浆；待豆浆机运转约15分钟，即可豆浆。

❹ 将豆浆机断电，取下机头，把煮好的豆浆倒入滤网，滤取豆浆；倒入杯中，待稍微放凉后即可饮用。

烹饪时间21分钟；口味清淡

红豆黑米豆浆

原料 ○2人份

红豆30克，黑米35克，水发黄豆45克

做法

❶ 将黑米、红豆倒入碗中，放入已浸泡8小时的黄豆，加入适量清水，用手搓洗干净。

❷ 将洗好的材料倒入滤网，沥干水分，倒入豆浆机中；注入适量清水，至水位线即可。

❸ 盖上豆浆机机头，选择“五谷”程序，再选择“开始”键，开始打浆；待豆浆机运转约20分钟，即可豆浆。

❹ 将豆浆机断电，取下机头，把煮好的豆浆倒入滤网，滤取豆浆；倒入碗中，用汤匙撇去浮沫即可。

小叮咛 黑米含有蛋白质、维生素E、钙、磷、钾、铁、锌等营养成分，具有清除自由基、补铁、增强免疫力等功效。

烹饪时间16分钟；口味清淡

玫瑰红豆豆浆

原料 ○2人份

水发红豆45克，玫瑰花5克

做法

❶ 把洗净的红豆倒入豆浆机中，倒入洗好的玫瑰花。

❷ 注入适量清水，至水位线即可。

❸ 盖上豆浆机机头，选择“五谷”程序，再选择“开始”键，开始打浆；待豆浆机运转约15分钟，即可豆浆。

❹ 将豆浆机断电，取下机头，把煮好的豆浆倒入滤网，滤取豆浆；倒入碗中，用汤匙撇去浮沫即可。

烹饪时间21分钟；口味清淡

红豆紫米补气豆浆

原料 ○2人份

紫米15克，水发红豆30克，水发黄豆40克

调料

冰糖适量

做法

❶ 将紫米放入碗中，倒入泡发的红豆、黄豆，注入适量清水，用手搓洗干净。

❷ 把洗好的食材倒入滤网，沥干水分，倒入豆浆机中，放入冰糖；注入适量清水，至水位线即可。

❸ 盖上豆浆机机头，选择“五谷”程序，再选择“开始”键，开始打浆；待豆浆机运转约20分钟，即可豆浆。

❹ 将豆浆机断电，取下机头；把煮好的豆浆倒入滤网，滤取豆浆倒入碗中，用汤匙撇去浮沫即可。

桂圆红豆豆浆

烹饪时间16分钟；口味清淡

原料 ○2人份

水发红豆50克，桂圆肉30克

做法

❶ 将已浸泡6小时的红豆倒入碗中，加入适量清水，用手搓洗干净；将洗好的红豆倒入滤网，沥干水分。

❷ 把洗好的红豆、桂圆肉倒入豆浆机中，注入适量清水，至水位线即可。

❸ 盖上豆浆机机头，选择“五谷”程序，再选择“开始”键，开始打浆；待豆浆机运转约15分钟，即可豆浆。

❹ 将豆浆机断电，取下机头，把煮好的豆浆倒出，再倒入碗中，用汤匙撇去浮沫，待稍微放凉后即可饮用。

小叮咛 红豆含有蛋白质、维生素A、B族维生素、维生素C、铜等营养成分，具有清热解毒、健脾益胃、利尿消肿等功效。

玉米红豆豆浆

烹饪时间21分钟；口味清淡

原料 ○3人份

玉米粒30克，水发黄豆50克，水发红豆40克

做法

❶ 将已浸泡8小时的黄豆倒入碗中，放入已浸泡6小时的红豆，加入适量清水，用手搓洗干净；将洗好的材料倒入滤网，沥干水分。
❷ 把洗好的材料倒入豆浆机中，放入洗净的玉米粒，注入适量清水，至水位线即可。
❸ 盖上豆浆机机头，选择“五谷”程序，再选择“开始”键，开始打浆；待豆浆机运转约20分钟，即成豆浆。
❹ 将豆浆机断电，取下机头，把煮好的豆浆倒入滤网，滤取豆浆，倒入杯中，用汤匙撇去浮沫即可。

小叮咛 玉米含有蛋白质、亚油酸、膳食纤维、钙、磷等营养成分，具有促进大脑发育、降血脂、降血压、软化血管等功效。

烹饪时间21分钟；口味清淡

红豆小米豆浆

原料 ○3人份

水发红豆120克，

水发小米100克

做法

❶ 将已浸泡5小时的红豆、浸泡3小时的小米放入碗中，注入适量清水，用手搓洗干净；把洗好的红豆、小米倒入滤网中，沥干水分，待用。

❷ 将备好的红豆、小米倒入豆浆机中，注入适量清水，至水位线即可。

❸ 盖上豆浆机机头，选择“五谷”程序，再选择“开始”键，开始打浆；待豆浆机运转约20分钟，即可豆浆。

❹ 断电后取下豆浆机机头，把打好的豆浆倒入滤网中，滤取豆浆；将过滤后的豆浆倒入杯中，待稍凉后即可饮用。

小叮咛 小米含有蛋白质、糖类、维生素、铁、钾、钠等营养成分，具有强身健体、美容养颜、滋阴养血等功效。

烹饪时间16分钟；口味清淡

红豆豆浆

原料 ○2人份

水发红豆100克

调料

白糖适量

做法

❶ 把已浸泡8小时的红豆倒入碗中，加入适量清水，搓洗干净；将洗净的红豆倒入滤网，沥干水分。

❷ 把洗好的红豆倒入豆浆机中，加入适量清水，至水位线即可。

❸ 盖上豆浆机机头，选择“五谷”程序，再选择“开始”键，开始打浆；待豆浆机运转约15分钟，即可豆浆。

❹ 将豆浆机断电，取下机头，把煮好的豆浆倒入滤网，滤去豆渣；将滤好的豆浆倒入碗中，加入适量白糖拌至熔化，待稍微放凉后即可饮用。

烹饪时间16分钟；口味甜

百合红豆大米豆浆

原料 ○3人份

水发大米40克，水发红豆40克，百合25克

调料

冰糖适量

做法

❶ 把已浸泡3小时的大米、浸泡5小时的红豆装入碗中，倒入适量清水，用手搓洗干净；将洗净的材料倒入滤网中，沥干水分。

❷ 把洗好的红豆、大米、百合、冰糖倒入豆浆机中，注入适量清水，至水位线即可。

❸ 盖上豆浆机机头，选择“五谷”程序，再选择“开始”键，开始打浆，待豆浆机运转约15分钟，即可豆浆。

❹ 将豆浆机断电，取下机头，把煮好的豆浆倒入滤网，滤取豆浆；把豆浆倒入杯中，待稍凉后即可饮用。